丛枝菌根真菌
共生调控花生耐盐机制

唐朝辉 等 著

中国农业科学技术出版社

图书在版编目（CIP）数据

丛枝菌根真菌共生调控花生耐盐机制 / 唐朝辉等著. --
北京：中国农业科学技术出版社，2025.7. -- ISBN
978-7-5116-7535-4

Ⅰ. S565.202.3

中国国家版本馆CIP数据核字第2025WX5269号

责任编辑 白姗姗
责任校对 李向荣
责任印制 姜义伟　王思文

出 版 者	中国农业科学技术出版社
	北京市中关村南大街12号　邮编：100081
电　　话	（010）82106638（编辑室）　（010）82106624（发行部）
	（010）82109709（读者服务部）
网　　址	https://castp.caas.cn
经 销 者	各地新华书店
印 刷 者	北京建宏印刷有限公司
开　　本	185 mm×260 mm　1/16
印　　张	7.75
字　　数	165千字
版　　次	2025年7月第1版　2025年7月第1次印刷
定　　价	80.00元

━━━━◀ 版权所有·侵权必究 ▶━━━━

《丛枝菌根真菌共生调控花生耐盐机制》

著者名单

主　著：唐朝辉

副主著：慈敦伟　　司　彤　　崔　利
　　　　郭　峰　　张佳蕾　　万书波

序　言

盐碱地是我国重要的现实和潜在农业资源，是我国耕地后备资源开发与粮食增产潜在保障的基础。研究土壤盐胁迫对农作物的影响及其调控问题是当今农业发展的重点和热点。我国年需植物油2 500万t以上，但年产量不足1 000万t，自给率不足40%，供需矛盾突出。花生是我国重要的油料作物和经济作物，含油率高达50%以上，在保障我国食用油安全方面具有产业优势。以国家重大战略需求为导向，扩大盐碱地花生种植面积，提高盐碱地花生产量，是缓解植物油供需矛盾、粮油争地矛盾的有效途径。

丛枝菌根真菌（Arbuscular Mycorrhizal Fungi，AMF）是土壤共生真菌中分布最广泛的一类真菌，能与80%的植物形成互惠共生关系，接种AMF能够改善植株营养状况、促进植株生长、增强植物抗病及抗逆性；同时，AMF通过生态位竞争等方式对土壤微生态进行有益调节，促进水分和养分吸收。利用植物与AMF的互惠共生关系，提高作物在盐渍化土壤中的生产力是改良盐碱土壤的新课题。

本书共分为七章：第一章，概述；第二章，丛枝菌根真菌对盐胁迫花生农艺性状及产量品质的影响；第三章，丛枝菌根真菌对盐胁迫花生根系发育和根际土壤微生态的影响；第四章，丛枝菌根真菌对盐胁迫花生生理特性的影响；第五章，丛枝菌根真菌与花生共生的根系代谢机制；第六章，丛枝菌根真菌与钙离子对花生的协同调控效应；第七章，盐碱地花生绿色高效生产技术集成与示范。

通过解析丛枝菌根真菌共生调控花生耐盐机制，并创新集成新技术，大面积示范推广应用，在解决花生盐碱地生产和管理方面有广阔的应用前景。对于提升盐碱地花生生产能力、调整种植业结构、增加种植面积和农民收入意义重大，为盐碱地花生绿色高效生产提供了理论依据和技术支撑。

本书的出版得到了国家重点研发计划政府间国际科技创新合作重点专项（2018YFE0108600）、山东省自然科学基金（ZR2021QC163）、山东省花生产业技术体系和山东省生态农业技术体系等各级项目的资助。

本书在撰写过程中，得到了多位花生专家和同仁的帮助，在此表示衷心感谢。书中若有不妥之处，恳请读者批评指正。

著　者
2025年6月

目 录

第一章 概 述 ·· 1
    第一节 盐胁迫对作物生长和生理特性的影响 ·· 3
    第二节 丛枝菌根真菌与作物的共生关系及其耐盐效应 ································ 8

第二章 丛枝菌根真菌对盐胁迫花生农艺性状及产量品质的影响 ·············· 12
    第一节 丛枝菌根真菌对盐胁迫花生农艺性状的影响 ·································· 13
    第二节 丛枝菌根真菌对盐胁迫花生产量和品质的影响 ······························ 15

第三章 丛枝菌根真菌对盐胁迫花生根系发育和根际土壤微生态的影响 ·· 21
    第一节 丛枝菌根真菌对盐胁迫花生根系发育的影响 ·································· 22
    第二节 丛枝菌根真菌对盐胁迫花生根际土壤微生态的影响 ······················ 27

第四章 丛枝菌根真菌对盐胁迫花生生理特性的影响 ·································· 36
    第一节 丛枝菌根真菌对盐胁迫花生光合特性的影响 ·································· 36
    第二节 丛枝菌根真菌对盐胁迫花生抗氧化特性的影响 ······························ 40
    第三节 丛枝菌根真菌对盐胁迫花生渗透调节系统的影响 ·························· 43
    第四节 丛枝菌根真菌对盐胁迫花生离子吸收转运的影响 ·························· 46
    第五节 丛枝菌根真菌对盐胁迫花生基因表达及代谢的影响 ······················ 48

第五章 丛枝菌根真菌与花生共生的根系代谢机制 ···································· 66

第六章 丛枝菌根真菌与钙离子对花生的协同调控效应 ······························ 76

第七章 盐碱地花生绿色高效生产技术集成与示范 ···································· 89

参考文献 ·· 93

第一章 概 述

盐碱地作为一种重要的土地资源，是我国耕地后备资源开发与粮食增产潜在保障的基础。研究土壤盐胁迫对农作物的影响及其调控问题是当今农业发展的重点和热点（杨劲松等，2022；Zheng et al.，2023；Zörb et al.，2019）。全国约有1亿hm^2（约15亿亩*）盐碱地，其中可利用的约有0.35亿hm^2（约5.25亿亩），是我国未来极为重要的后备耕地资源，主要分布在西北、华北、东北及沿海等17个省区。

山东全省共有盐碱地59.27万hm^2（889.05万亩）。按照分布情况划分为滨海盐碱地和内陆盐碱地2种类型。滨海盐碱地面积46.6万hm^2（699万亩），其中，黄河三角洲地区共有盐碱地46.57万hm^2（698.55万亩），主要分布在东营（340万亩）、滨州（151.7万亩）两市，其他少数盐碱地分布在潍坊、烟台、青岛三市，其盐碱地占比大，盐碱化程度重，且受到自然和人为因素的影响，盐渍化土地面积还在不断扩大，给农业生产造成了巨大的损失（侯贺贺等，2014）。内陆盐碱地面积12.87万hm^2（193.05万亩），主要集中在德州、聊城、菏泽，少数分布在济南、济宁、淄博。按照盐碱梯度划分，分为轻度盐碱地、中度盐碱地和重度盐碱地3种类型，其中，轻度盐碱地（土壤盐碱度<3‰）15.53万hm^2（232.95万亩）；中度盐碱地（土壤盐碱度3‰~6‰）17.2万hm^2（258万亩）；重度盐碱地（土壤盐碱度6‰~8‰）26.53万hm^2（397.95万亩），主要集中分布在东营、滨州和潍坊。

2021年10月印发的《黄河流域生态保护和高质量发展规划纲要》提出："支持黄河流域农牧业科技创新，推动杨凌、黄河三角洲等农业高新技术产业示范区建设，在生物工程、育种、旱作农业、盐碱地农业等方面取得技术突破。"2021年10月，习近平总书记来到黄河三角洲农业高新技术产业示范区考察调研，了解盐碱地生态保护和综合利用、耐盐碱植物育种和推广情况，并指出："18亿亩耕地红线要守住，5亿亩盐碱地也要充分开发利用。如果耐盐碱作物发展起来，对保障中国粮仓、中国饭碗将起到重要作用。"2022年1月印发的《中共中央 国务院关于做好2022年全面推进乡村振兴重点

---

* 1亩≈667 m^2。

工作的意见》要求："积极挖掘潜力增加耕地,支持将符合条件的盐碱地等后备资源适度有序开发为耕地。研究制定盐碱地综合利用规划和实施方案。分类改造盐碱地,推动由主要治理盐碱地适应作物向更多选育耐盐碱植物适应盐碱地转变。支持盐碱地、干旱半干旱地区国家农业高新技术产业示范区建设。"

结合深入推动黄河流域生态保护和高质量发展这一重大国家战略,推进盐碱地综合开发利用,必须深入贯彻习近平总书记重要指示要求,扎实落实党中央、国务院部署,综合施策、精准发力,从治理盐碱地适应植物到选育耐盐碱植物适应盐碱地,构建盐碱地综合开发利用新机制、新路径、新模式,努力打造黄河流域盐碱地生态保护和高质量发展先行区、盐碱地高质高效农业创新高地,为我国盐碱地大面积开发利用提供示范和样板。

花生是我国重要的油料作物和经济作物,花生含油率高达50%以上,在保障我国食用油安全方面具有产业优势(万书波等,2019)。花生属于中等耐盐作物,抗逆性较强,除具有抗旱、耐瘠薄特性外,还具有较强的耐盐碱能力,可耐受的盐浓度为0.35%~0.45%(慈敦伟等,2018)。目前,盐碱区土壤瘠薄、盐渍化严重,大部分为中低产田,种植作物效益低下,亟须进行种植结构调整。比较而言,花生固氮养地,经济效益好且管理轻简,可成为盐碱地种植的主要经济作物。以国家重大战略需求为背景,以解决盐碱地花生生产和管理实际问题为导向,如何在充分挖掘高产田高产潜力的同时,进一步扩大盐碱地花生种植面积和提升花生生产能力是缓解植物油供需矛盾、粮油争地矛盾的有效途径,可为我国油脂供给安全和农业可持续发展提供重要的理论依据和技术支撑。

丛枝菌根真菌(Arbuscular Mycorrhizal Fungi,AMF)是土壤共生真菌中分布最广泛的一类真菌,能与80%的植物形成互惠共生关系,接种AMF能够改善植株营养状况、促进植株生长、增强植物抗病及抗逆性;同时,AMF通过生态位竞争等方式对土壤微生态进行有益调节,促进水分和养分吸收。利用植物与AMF的互惠共生关系,提高作物在盐渍化土壤中的生产力是改良盐碱土壤的新课题。AMF能够增强植物在盐碱土的生长,恢复植被(史晓龙等,2018)。盐胁迫条件下,AMF通过提高宿主植物耐盐生理反应,增加植物对氮、磷、钾等矿质营养的吸收,降低宿主植物体内Na^+和Cl^-含量,增加宿主植物生物量等方面缓解盐胁迫对植物的伤害(吴兰荣等,2005;王文平等,1998;徐芬芬,1998;于天一等,2017;赵军等,2022)。AMF还可通过提高宿主植物根系活力、扩大根系的吸收面积进而改变根系形态、协调根系激素水平促进根系生长等方面促进植物抗盐性(徐芬芬,1998;张志良等,2003;Abdel Latef et al.,2011)。另外,AMF活化土壤养分,改善根际微生物环境,通过改善土壤微环境减缓盐碱胁迫对植物造成的伤害(徐芬芬,1998;Abdel Latef et al.,2014)。

研究表明，AMF可以提高玉米、小麦、番茄和黄瓜等多种粮食作物和蔬菜作物的耐盐性（Huang et al.，2010）。目前，关于AMF缓解花生盐胁迫的生态和生理机制研究较少。因此，深入阐明AMF缓解花生盐胁迫的生态生理效应，可为优化花生优质高产耐盐栽培技术提供理论依据和技术支撑。

第一节　盐胁迫对作物生长和生理特性的影响

盐胁迫对植物的危害主要是产生离子胁迫和渗透胁迫（Flowers et al.，2008；Kumari et al.，2017）。作物受盐胁迫的外部表现有抑制发芽、出苗和植株生长，降低生物产量和经济产量等；内部表现则主要是生理生化代谢活动的改变，而且无论是内部还是外部表现，盐害均因胁迫程度和时间而不同。

盐胁迫通常是由于土壤中的钠和氯离子浓度过高引起的，进而导致作物的渗透胁迫、离子胁迫和次生胁迫（Yang et al.，2018）。过量的盐会降低土壤中的水势，减少作物对水分的吸收，破坏植株体内的渗透平衡，从而导致作物缺水。同时，盐胁迫破坏了叶绿体的结构，导致植株体内叶绿素总量下降，影响光合作用的光反应，光合作用下降。光合作用降低，碳同化减少，渗透调节物质的合成和积累减缓。另外，根系吸收过量的钠和氯离子，存在离子毒害和拮抗，会抑制细胞对其他离子的吸收（Munns et al.，2016），从而干扰植物的新陈代谢，能耗增加，衰老加速，生长量降低，最终植株因饥饿而死亡。渗透胁迫还会导致作物的氧化胁迫，导致活性氧（ROS）的大量积累，从而危害细胞的正常代谢活动。

一、盐胁迫对作物生长的影响

作物对盐的敏感性在各个时期都会发生变化。通常，早期生长阶段比后期阶段对盐胁迫更敏感。在种子萌发和出苗时期，作物的耐盐性通常基于植株的存活率来衡量，但随着作物生长，耐盐性通常以相对生长情况来衡量（Zörb et al.，2019）。

在种子萌发阶段，盐胁迫主要通过抑制种子对水分的吸收和离子毒害来影响种子发芽。首先外部环境水势的降低限制了种子的吸水，细胞内高浓度的钠和氯离子也限制了种子的细胞代谢，这抑制了种子萌发并最终导致种子死亡（Mostafavi，2012）。同时，盐胁迫引起的渗透胁迫也会导致种子的次生休眠（Munns et al.，2003）。有研究表明，当NaCl浓度达到180 mmol/L时，菜豆种子的发芽率降低了50%（Bayuelo-Jiménez et al.，2002）。在240 mmol/L NaCl处理下，玉米种子的发芽率、种子活力、根长和茎长等也大幅度下降（Khodarahmpour et al., 2011）。

根系作为直接与土壤中盐分接触的部位，会首先受到影响。盐胁迫通常会降低根系生物量，改变根系构型。研究表明，随着NaCl浓度的增加，花生总根长、根表面积等根系形态指标均逐渐降低（于天一等，2017）。同时，盐胁迫也会减少根系对养分和水分的吸收，从而影响作物的生长发育。

虽然根是首先接触盐分的部位，但地上部对盐胁迫比根系更敏感（Abdullah et al., 2001）。根系吸收了过量的Na^+和Cl^-，并通过蒸腾作用运输到茎叶，吸收的盐分主要集中在老叶中，造成老叶枯萎和死亡，同时抑制侧芽的发育，限制了作物地上部的生长和发育（Abdullah et al., 2001）。盐胁迫降低作物的生长主要归因于细胞水分可用性的减少，这导致了光合作用降低和生长抑制（Garg et al., 2016b）。Na^+和Cl^-的毒性是降低作物生长的另一个原因，它们是造成代谢紊乱的主要离子。Na^+会干扰K^+的吸收并扰乱叶片气孔调节，而Cl^-会干扰叶绿素的合成（Tavakkoli et al., 2011）。

二、盐胁迫对作物产量品质的影响

盐胁迫会抑制作物的生长，造成了作物的生长缓慢和早衰，并最终导致作物产量和品质的降低。除营养生长外，盐胁迫还会抑制作物的生殖生长，如降低花的数量、花粉活力及灌浆期光同化物的供应等（Khan et al., 2017）。研究表明，在盐胁迫下，盐敏感型鹰嘴豆的空壳率显著提高。由于鹰嘴豆的体外花粉萌发和体内花粉生长不受盐胁迫的影响，因此空壳率增加可归因于同化物供应的大幅度降低（Kumar et al., 2017）。

盐胁迫还会降低作物的品质。在鹰嘴豆中，虽然产量仅减少20%，但盐胁迫还造成了荚果的干瘪和蛋白质含量的下降（Vadez et al., 2007）。同样，盐胁迫也显著降低了绿豆中的碳水化合物、氨基酸、蛋白质和多糖含量（Khan et al., 2010）。其中，碳水化合物和多糖含量的降低归因于盐胁迫诱导的离子毒害和营养失衡，以及光合作用的降低。氨基酸含量的降低则归因于氮吸收的减少（Swaraj et al., 1999）。

三、盐胁迫对作物生理特性的影响

（一）盐胁迫对作物光合作用的影响

盐胁迫会对作物各个发育时期的光合系统造成不可逆转的损伤（Wungrampha et al., 2018）。盐胁迫限制了叶片生长（Taleisnik et al., 2009）。研究表明，盐胁迫增加了黄瓜叶片厚度，降低了光合面积，并破坏了叶片的内部结构（Yuan et al., 2015）。叶片气孔限制是盐胁迫下植物光合速率降低的主要因素之一（He et al., 2016）。气孔导度降低引起了叶片细胞中的CO_2可用性降低,从而导致光合速率的降低(Wang et al., 2018)。研究表明,除气孔因素外,非气孔因素的限制也与作物光合作用的降低有关(Gong et al., 2011)。光合酶活性降低、光合色素减少和光系统损伤等都是影响作物光合作用的主要非气孔因素(Qu et al., 2012)。

盐胁迫可以通过降低二磷酸核酮糖羧化酶(Rubisco)等参与光反应和卡尔文循环相关酶的活性来抑制光合作用。研究表明,盐胁迫下大豆叶片的Rubisco活性降低,羧化效率下降,从而导致光合速率下降(He et al., 2016)。盐胁迫下,叶绿素含量的降低也是一种常见的现象。研究表明,在200 mmol/L NaCl处理14 d后,苜蓿叶片的叶绿素a和叶绿素b含量显著降低。盐胁迫下,作物叶片的叶绿素a与叶绿素b的比值也会发生变化。通常植株叶片中的叶绿素a含量大于叶绿素b含量,但随着土壤盐分的增加,它们的值逐渐接近(Mane et al., 2010)。

光系统Ⅱ(PSⅡ)是光合系统中相对敏感的部分。当作物光合作用被盐胁迫抑制时,光系统Ⅱ最先受到影响。研究表明,在鹰嘴豆中,盐胁迫下的光合作用下降是由光系统Ⅱ的损伤引起的,其暗条件下PSⅡ最大光化学效率(Fv/Fm)、实际光化学效率(ΦPSⅡ)和光化学淬灭系数(qP)等显著降低(Khan et al., 2015)。同样,在绿豆等豆科作物中,也发现盐胁迫诱导的光合作用减少与光合色素的减少和光系统Ⅱ的损伤有关(Khan et al., 2010)。

(二)盐胁迫对作物抗氧化系统的影响

在盐胁迫下,由于渗透胁迫和离子毒害造成了细胞内的功能紊乱,使电子从线粒体和叶绿体中泄漏,并与O_2反应,造成了超氧阴离子($O_2^{\cdot-}$)、羟基自由基($\cdot OH$)和过氧化氢(H_2O_2)等活性氧(ROS)的大量积累。这些ROS会影响细胞组分,并造成细胞的氧化损伤(Farooq et al., 2015)。为了应对盐胁迫引起的ROS过量积累,作物体内存在一套完整的抗氧化防御系统来清除ROS,维护细胞内的氧化还原平衡。抗氧化系统分为酶促抗氧化系统和非酶促抗氧化系统(Gill et al., 2010)。

酶促抗氧化系统主要包括超氧化物歧化酶(SOD)、过氧化物酶(POD)、过氧化氢酶(CAT)、抗坏血酸过氧化物酶(APX)和谷胱甘肽还原酶(GR)等抗氧化酶(Begara-Morales et al., 2015)。非酶促抗氧化系统主要包括抗坏血酸(AsA)、谷胱甘肽(GSH)、黄酮和类黄酮等抗氧化剂(García et al., 2020)。研究表明,在盐胁迫下,番茄叶片中的SOD、POD和DHAR等抗氧化酶活性显著提高(Gong et al., 2011)。同样,耐盐型玉米叶片中的SOD、POD和APX等抗氧化酶活性也显著升高,但在盐敏感型玉米根系中所有抗氧化酶的活性在盐胁迫下均显著下降(De Azevedo Neto et al., 2006)。这表明了植物可以通过增强抗氧化酶的活性来抵御盐胁迫造成的伤害，但当盐胁迫程度到达一定范围，抗氧化酶的活性便会下降，ROS清除能力也随之减弱。

（三）盐胁迫对作物渗透调节系统的影响

在盐胁迫下，细胞水分的流失是作物在生长过程中面临的问题之一，这是外界渗透压升高所导致的。作物可以通过合成和积累渗透调节物质，降低细胞水势，维持渗透压平衡（Apse et al.，2002）。参与渗透调节的物质，即使在高浓度的情况下也不具备细胞毒性，被称为相容性溶质。除了减少作物水分流失外，渗透调节还有助于激活抗氧化防御系统（Bose et al.，2014）。

一方面，作物吸收环境中的Na^+、K^+和Cl^-等无机离子，另一方面，作物自身合成氨基酸、多糖、多胺、多元醇和季铵类化合物等小分子有机化合物进行有效地渗透调节（Garg et al.，2009）。在盐胁迫下，不同物种或基因型的渗透调节物质种类可能不同（Slama et al.，2015）。研究表明，与敏感型相比，耐盐型的豆科作物通常比盐敏感型含有更多的脯氨酸和游离氨基酸（Tarchoune et al.，2012）。同样，在玉米的研究中也发现，耐盐型玉米在根系中积累了更多的氨基酸和碳水化合物（Kaya et al.，2010）。

作物的渗透调节过程会消耗大量的能量来合成渗透调节物质，减少维持生长所用的能量，降低作物的生长速率。而耐盐作物可以通过调节细胞质和液泡之间的Na^+和Cl^-分布来实现渗透调节，从而在细胞质中维持一定的离子浓度。因此，耐盐作物可以在盐胁迫条件下维持细胞渗透压平衡并稳定生长（Munns et al.，2016）。

（四）盐胁迫对作物离子平衡和养分吸收的影响

在盐胁迫下，作物可以通过减少细胞质中的Na^+含量和增加K^+含量来维持细胞的离子稳态，以避免离子毒害和营养失衡（Serrano et al.，1999）。作物减少细胞质中Na^+含量的机制主要包括限制Na^+吸收、增加Na^+外排和离子区室化。

作物吸收环境中的Na^+可能通过细胞膜上的高亲和性K^+通道（HKT）、低亲和性K^+通道（AKT1）和弱电压依赖性非选择性阳离子通道（NSCC）等离子通道（Cheeseman，1988）。因此，在盐胁迫下，作物可以通过调节细胞膜通道蛋白的活性来限制Na^+的吸收（van Zelm et al.，2020）。

HKT转运蛋白根据其对K^+/Na^+亲和性的不同可分为两个亚族，HKT1主要介导Na^+的转运，HKT2介导K^+/Na^+的转运（Mäser et al.，2002）。研究表明，当木质部中的Na^+大量积累时，HKT转运蛋白能够将过量的Na^+转运到薄壁细胞中，减少地上部的Na^+含量（van Zelm et al.，2020）。另外，当叶片中的Na^+过量积累时，HKT能将叶肉细胞中的Na^+转运到叶脉中，以维持植株的正常光合作用（Hauser et al.，2010）。这些研究表明，HKT转运蛋白在保护光合系统免受盐胁迫损伤中发挥着关键重要作用。

Na^+/H^+反向转运蛋白（NHX）在维持细胞离子稳态中也发挥着关键作用，特别是定位于质膜上的NHX7/SOS1。当根系中的Na^+含量过高时，质膜上的NHX7/SOS1将根尖细胞内过多Na^+排出体外。另外，SOS1还能参与Na^+从根部到地上部的长距离运输，减轻盐胁迫对地上部的离子毒害（Ji et al., 2013）。

离子区室化也是作物抵御盐害的重要策略。Na^+区室化由液泡膜上的NHX转运蛋白介导，由H^+-ATP酶激发，进而驱动Na^+的逆向转运（Deinlein et al., 2014）。这不仅能够将Na^+作为渗透调节物质，还能够降低细胞中Na^+含量。研究表明，过表达水稻中的Na^+/H^+反向转运蛋白基因（*OsNHX1*）使叶片积累了更多的Na^+和K^+，并且保持了较低的渗透压（Chen et al., 2007）。

在盐胁迫下，根际间高浓度的Na^+和Cl^-会干扰其他必需元素（如K^+、Ca^{2+}、Mg^{2+}和Fe^{3+}等）的吸收，导致作物严重的养分失衡（Murat et al., 2010）。

盐胁迫下，植株中过量的Na^+会干扰K^+的吸收和运输，导致气孔调节紊乱和水分流失。研究表明，细胞间Na^+和K^+之间的离子通量竞争导致了玉米等作物根系中的钾离子含量降低（Kaya et al., 2010）。盐胁迫不仅降低了K^+的吸收，而且在更大程度上影响了K^+从根部到地上部组织的运输，导致地上部的K^+含量低于根部（Shahzad et al., 2012）。

Na^+的过量积累也会影响作物对Ca^{2+}的吸收，破坏离子平衡。研究表明，所有部位的Ca^{2+}含量都会随着外部盐分含量的升高而瞬时下降（Hussin et al., 2013）。在盐胁迫下，大量的Na^+进入细胞，还会取代质膜、叶绿体膜和液泡膜等细胞膜上的Ca^{2+}，降低细胞膜的稳定性和选择性，使细胞代谢紊乱，大量营养物质外泄，导致作物不能正常生长（Shahzad et al., 2012）。

除K^+和Ca^{2+}外，在盐胁迫下，氮的吸收和运输受到严重抑制，这主要是因为Na^+和NH_4^+及Cl^-和NO_3^-之间的竞争作用（Hessini et al., 2009）。研究表明，在盐胁迫下，NO_3^-作为唯一氮源的植株叶片中Cl^-含量显著增加，并表现出了明显的缺素症状，说明养分吸收过程中NO_3^-被Cl^-替代（Bazihizina et al., 2019），并且Cl^-和NO_3^-之间的竞争关系比Na^+和NH_4^+中更加突出。这也表明NO_3^-被Cl^-替代可能导致了硝酸盐转运蛋白介导的运输受限，这是盐胁迫抑制植株生长的重要因素之一（赵军等，2022）。研究表明，盐胁迫还会抑制作物中的氮同化过程，降低大豆根瘤、根和地上部的氮含量，同时降低硝酸还原酶、谷氨酰胺合成酶和谷氨酸合成酶等氮同化酶的活性（Farhangi-Abriz et al., 2018）。盐胁迫诱导的离子失衡也有利于某些营养物质的吸收。研究表明，除Na^+和Cl^-外，盐胁迫增加了蚕豆根茎叶中的Mn^{2+}含量（Tarchoune et al., 2012）。

第二节 丛枝菌根真菌与作物的共生关系及其耐盐效应

一、丛枝菌根真菌对盐胁迫作物生长发育的影响

AMF广泛分布在土壤中，能与大多数作物形成互利共生关系。盐胁迫会抑制芽管的伸长和孢子的萌发，从而抑制菌根的形成（Sheng et al., 2008）。虽然盐胁迫下根系的菌根侵染率下降，但大量研究表明，接种AMF仍可以显著促进作物的生长，提高作物耐盐性。

根系是作物吸收水分和养分的器官，对于增强作物的耐盐性至关重要（Jung et al., 2013）。AMF可以改变作物的根系构型来提高作物对逆境的适应性。AMF能够增加作物根系的表面积和根毛密度，提高作物对土壤中水分和养分的吸收，从而促进植株生长（Kapoor et al., 2008）。研究表明，AMF显著提高了柑橘幼苗的总根长、根投影面积和根表面积，还显著提高了地上部生物量（Wu et al., 2010）。在番茄中也发现，AMF提高了不同盐浓度下植株根部和地上部生物量（Abdel Latef et al., 2011）。

除此之外，当作物遭受盐胁迫危害时，AMF还会影响生长素、脱落酸和赤霉素等植物激素的生成，来促进植株的生长。研究表明，盐胁迫显著降低了芝麻植株中生长素和赤霉素等植物激素含量，而接种AMF恢复了植株正常的激素水平（徐芬芬，2013）。

二、丛枝菌根真菌对盐胁迫作物光合作用的影响

在盐胁迫下，AMF对作物生长的促进作用也与光合作用有关。叶绿素含量是影响光合作用的重要因素之一。盐胁迫会导致参与光合作用的色素发生变化，并导致叶绿体受损（Behera et al., 2010）。而AMF能够促进作物对镁和氮的吸收，来维持叶片较高的叶绿素含量和类胡萝卜素含量（Khan et al., 2015）。研究表明，在150 mmol/L NaCl浓度下，接种AMF的番茄植株叶片具有更高的叶绿素a、叶绿素b和类胡萝卜素含量（Abeer et al., 2015）。

在盐胁迫下，气孔关闭防止了水分的蒸腾流失，但也限制了二氧化碳的流动和碳同化（Samarah et al., 2009）。而接种AMF的植株通常通过促进钾和水分的吸收维持较高的气孔导度，从而提高胁迫条件下作物的净光合速率（Augé, 2001）。研究表明，接种AMF的水稻植株在75 mmol/L和150 mmol/L两个盐浓度下均具有更大的气孔导度和净光合速率（Porcel et al., 2015）。

叶绿素荧光参数是反映逆境条件下光合效率的重要指标（Zhu et al., 2012）。

AMF对作物光合作用的促进与其接种植株在暗条件下更高的PSⅡ最大光化学效率（Fv/Fm）、实际光化学效率（ΦPSⅡ）及更低的非光化学淬灭系数（NPQ）等叶绿素荧光参数有关（Ruiz-Sánchez et al., 2010）。研究表明，在不同盐浓度下，接种AMF可显著提高水稻叶片的Fv/Fm和ΦPSⅡ，同时显著降低NPQ（Porcel et al., 2015）。NPQ作为光保护机制，通过将多余光能以热能形式消散，避免光系统Ⅱ发生光氧化损伤（Inderjit et al., 2003）。因此，与未接种作物相比，AMF可通过促进光能向化学能转化，并最大限度地减少NPQ来提高光合作用效率（Hu et al., 2017）。

三、丛枝菌根真菌对盐胁迫作物抗氧化系统的影响

在盐胁迫下，作物叶绿体和线粒体等细胞器中活性氧大量积累，通过脂质过氧化、蛋白质和DNA变性等过程损害细胞的正常代谢（Apel et al., 2004）。而AMF可以通过调节酶促和非酶促抗氧化系统减少活性氧的积累，从而缓解作物在盐胁迫下的氧化损伤（Wu et al., 2010）。

一方面，AMF通过提高超氧化物歧化酶（SOD）、过氧化物酶（POD）、过氧化氢酶（CAT）和抗坏血酸过氧化物酶（APX）等抗氧化酶的活性，清除超氧阴离子（O_2^-）和过氧化氢（H_2O_2）（Huang et al., 2010）。接种AMF提高了作物在盐胁迫下的SOD活性，较高的SOD活性有助于过量的O_2^-转化为H_2O_2，进一步由CAT、POD和APX催化转化为H_2O（Benavídes et al., 2000）。研究表明，在盐碱条件下，接种AMF的玉米植株可降低根部膜脂过氧化程度和H_2O_2积累，并提高SOD和CAT活性（Estrada et al., 2013a）。

另一方面，AMF还诱导了抗坏血酸、谷胱甘肽和类胡萝卜素等非酶促抗氧化物质的生成（Evelin et al., 2014）。这些抗氧化物质可以作为自由基的清除剂和还原剂，保护作物免受氧化损伤（Rice-Evans et al., 1996）。研究表明，接种AMF植株中的抗坏血酸、谷胱甘肽和类胡萝卜素含量均高于未接种植株，丙二醛和活性氧含量也显著低于未接种植株（Garg et al., 2016a）。此外，类黄酮等酚类化合物作为次生代谢物，也参与活性氧的清除（Løvdal et al., 2010）。

四、丛枝菌根真菌对盐胁迫作物渗透调节系统的影响

在盐胁迫下，作物通过积累氨基酸、糖类和有机酸等渗透调节物质来维持细胞的渗透压以应对渗透胁迫导致的细胞脱水（Valliyodan et al., 2006）。AMF可促进多种渗透调节物质的合成来提高作物的耐盐性。

脯氨酸是研究最多的游离氨基酸之一，在盐胁迫下会大量积累。然而，AMF对其

积累的影响研究结果并不相同。有研究发现，接种AMF降低了盐胁迫下作物中的脯氨酸含量（Evelin et al.，2013），表明AMF缓解了作物盐胁迫。还有研究表明AMF促进了盐胁迫下作物根系中脯氨酸的积累（Sheng et al.，2011），表明接种作物具有更强的渗透调节能力以促进根系水分吸收。

可溶性总糖、蔗糖、麦芽糖和海藻糖等糖类物质既可作为碳源又可作为渗透调节物质，在盐胁迫中发挥着重要作用（Abdel Latef et al.，2014）。研究表明，接种AMF的玉米植株中可溶性总糖含量显著高于未接种植物（Sheng et al.，2011），且接种植株的海藻糖的积累量也明显增加（Garg et al.，2016c）。这种糖类物质的积累可能通过两种途径实现：一是AMF通过提高植株中蔗糖合成酶和蔗糖磷酸合成酶等相关酶的活性，直接促进糖的合成；二是AMF可能通过增强植株光合能力，间接增加糖分供给（Wu et al.，2010）。

此外，有机酸在液泡的渗透调节中发挥着关键作用（Yang et al.，2007）。在盐胁迫下，接种AMF显著改变了作物中的有机酸含量和分布；接种AMF提高了玉米中的柠檬酸、富马酸、草酸、苹果酸以及总有机酸含量，但乳酸含量未出现明显变化（Sheng et al.，2011）。而AMF诱导有机酸变化的机制尚不清楚，需要进一步研究。

五、丛枝菌根真菌对盐胁迫作物元素吸收和离子平衡的影响

在盐胁迫下，过量的Na^+和Cl^-会与其他营养元素相互竞争，抑制作物对营养元素的吸收。接种AMF能够促进作物在盐胁迫下的养分吸收并维持离子平衡，缓解盐胁迫对作物生长的抑制作用（Evelin et al.，2009）。

氮是作物细胞中蛋白质、核酸和叶绿素等大分子物质合成所必需的营养元素。在盐胁迫下，氮的吸收和转运受到严重抑制，这主要是因为Na^+和NH_4^+以及Cl^-和NO_3^-之间的竞争作用（Hessini et al.，2009）。这种竞争也导致硝酸还原酶的活性降低（Hoff et al.，1992）。AMF有助于增加盐胁迫下作物氮的吸收（Marschner et al.，1994）。这种作用一方面归因于AMF维持了细胞膜稳定性；另一方面，AMF根外菌丝吸收NO_3^-，并被硝酸还原酶同化，再经过谷氨酰胺合成酶-谷氨酸合成酶途径转化为精氨酸，最终传递到基内菌丝体分解释放NH_4^+（Govindarajulu et al.，2005）。还有研究表明，接种AMF的小麦植株中硝酸盐转运蛋白编码基因（*NRT1.1*和*NAR2.2*）和铵转运蛋白编码基因（*AMT1.1*和*AMT1.2*）的表达量更高，这也促进了氮的吸收（Fileccia et al.，2017）。

AMF也促进了盐胁迫下磷的吸收。研究表明，在各个盐浓度条件下，接种AMF均提高了水稻叶片和根系中的磷含量（Porcel et al.，2016）。这也有利于作物更好地维持细胞膜的完整性，以提高作物耐盐性（Evelin et al.，2009）。AMF提高作物对磷的吸

收有多种原因。例如，AMF能够在菌丝内形成可溶性多聚磷酸盐来维持自身的磷浓度等（Marschner et al., 1994）。

　　盐胁迫下，作物中的过量Na^+导致K^+、Ca^{2+}和Mg^{2+}等含量降低，从而造成离子失衡（Hu et al., 2005）。接种AMF可以影响Na^+向地上部的运输，调节细胞中的Na^+含量，并促进木质部中Na^+的外排，降低植株体内的Na^+含量。NHX（Na^+/H^+逆向转运蛋白）、SOS（Na^+/H^+逆向转运蛋白）和HKT（高亲和性K^+转运蛋白）等转运蛋白在其中发挥着重要作用。研究表明，接种AMF的水稻植株能够上调*OsNHX3*将Na^+区室化到液泡中，并通过上调*OsSOS1*和*OsHKT2*介导Na^+从细胞质转移到质外体（Porcel et al., 2016）。同时，接种植株的K^+/Na^+高于未接种植株。这与AMF对SOS1、HKT1和SKOR等膜转运蛋白的调控有关（Estrada et al., 2013b）。

第二章　丛枝菌根真菌对盐胁迫花生农艺性状及产量品质的影响

近年来我国食用植物油的消费量以每年10%以上的幅度增加，供需矛盾呈加剧之势，油料作物与粮食作物争地的矛盾也日益突出。花生（*Arachis hypogaea* L.）是重要的油料作物和经济作物，在保障我国食用油安全方面具有产业优势（万书波，2003）。目前我国具有农业利用潜力的盐碱地面积达2亿亩，占国内耕地总面积的10%左右（刘兆普等，1998；Abrol et al.，1988）。花生属中等耐盐作物，在充分挖掘高产田高产潜力的同时，加大盐碱地的改造利用，扩大花生种植面积，对于保障食用油脂安全具有重要意义。

盐胁迫会影响作物的生长，对作物外部形态特征的影响最为直观，常导致作物生长发育缓慢、植株矮小、叶片卷曲黄化等（Munns，2002）。这主要是因为盐胁迫对花生植株造成的离子毒害、渗透胁迫和氧化损伤，抑制了花生生长（郭敏等，2012）。盐胁迫降低了花生植株的主茎株高，减少了叶片数量，造成了叶片萎蔫，使生物量显著降低，抑制了花生植株的生长。虽然接种和未接种AMF植株的生长均受到了盐胁迫的抑制，但接种植株维持了更高的生物量，减轻了盐胁迫对花生植株生长的抑制作用。这与盐胁迫在小麦（Elgharably et al.，2021）和水稻（Zhang et al.，2023）中的研究结果一致。

当前钙肥使用量相对不足，已成为花生最主要的产量限制因子之一（王飞等，2013；王相平等，2020）。花生的钙离子供给主要来源于土壤，而盐碱地土壤环境极易形成可溶性低的钙或不溶性钙化合物，造成可交换性钙含量的大幅下降（Verbruggen et al.，2010），钙供应不足与花生植株需求大的矛盾日益突出。因此，改善土壤中钙营养环境，提高土壤有效钙含量，是提高花生产量的重要措施。

AMF是土壤共生真菌中分布最广泛的一类（刘润进，2019；刘耀臣等，2019；Bhuiyan et al.，2017）。目前，国内外对玉米等作物及蔬菜、果树等植物的相关研究较多，AMF对植株具有促进养分吸收的作用，从而促进植株生长（盛敏等，2011；冯固等，2000；陆爽等，2011；孙秀秀等，2017；Cui et al.，2019；岳海等，2020）。AMF和钙复合效应可改善连作条件下花生苗期生长发育（张博文等，2020），但不同类型土壤接种AMF对花生生长及产量品质的影响未见报道。

第一节 丛枝菌根真菌对盐胁迫花生农艺性状的影响

一、丛枝菌根真菌对盐胁迫花生幼苗地上部生长的影响

在未接种AMF的植株根系中没有发现AMF的侵染，而在接种AMF的花生植株中，根系被不同程度地侵染。其中，在正常生长条件下，HY20和HY25根系的侵染率分别为24.61%和27.37%。而在盐胁迫下，HY20和HY25根系的侵染率分别为21.13%和23.15%。这表明盐胁迫抑制了菌根共生体的形成。

由图2-1可知，盐胁迫抑制了HY20和HY25花生植株地上部的生长，主要表现为生长缓慢和叶片萎蔫等。在盐胁迫条件下，接种AMF有效缓解了盐胁迫对花生植株地上部生长的抑制作用。但正常生长条件下，接种AMF对两品种花生植株地上部生长无明显促进作用。

图2-1　AMF对花生植株地上部生长的影响

由图2-2可知，在正常生长条件下，接种AMF对两品种植株的主茎株高、地上部鲜重和地上部干重均无显著影响。而在盐胁迫条件下，两品种植株的株高和地上部干鲜重均显著降低。但盐胁迫下接种AMF植株的地上部干鲜重均显著高于未接种植株，主茎株高仅有HY25品种显著高于未接种植株。其中，与未接种植株相比，接种植株的地上部鲜重和干重分别显著提高了32.98%～39.43%和28.89%～58.60%。AMF可以提高盐胁迫下花生地上部的生物量。

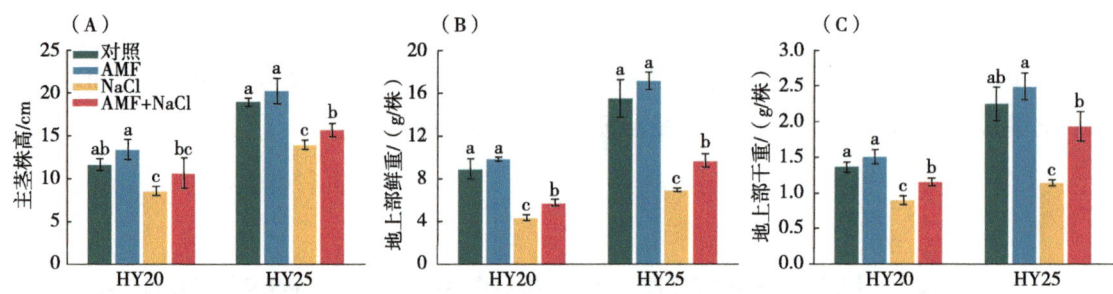

图2-2　AMF对花生植株株高和地上部干鲜重的影响

注：不同小写字母表示同一品种不同处理之间存在显著差异（$P<0.05$）。

二、丛枝菌根真菌和过磷酸钙对花生成熟期农艺性状的影响

如表2-1所示，盐碱地花生HY22品种第一对侧枝基部10 cm节数，各处理（F2～F5）均显著高于对照（F1），且AMF菌肥+过磷酸钙复合效应（F4和F5）显著高于单一过磷酸钙（F2）和AMF菌肥处理（F3）效应；主茎叶数除F4外，其他处理（F2、F3、F5）均显著高于对照F1；主茎高表现为单一过磷酸钙（F2）和AMF菌肥（F3）处理显著高于其他各处理；侧枝长表现为AMF菌肥（F3）处理显著高于其他各处理。HY25第一对侧枝基部10 cm节数表现出和HY22相同的规律；而主茎叶数除F2外，其他处理均显著高于对照F1；主茎高和侧枝长则表现为F4处理显著高于其他各处理。

表2-1　AMF和过磷酸钙对花生农艺性状的影响

土壤类型	品种	处理	主茎高/cm	侧枝长/cm	一次分枝数/个	二次分枝数/个	主茎叶数/个	第一对侧枝基部10 cm节数/个
盐碱地	HY22	F1	30.4b	34.8c	5.8a	3.5b	15.8b	6.0c
		F2	34.0a	37.6b	5.5a	4.0a	16.0a	6.3b
		F3	32.3a	39.0a	5.2a	3.8b	16.5a	6.7b
		F4	30.7b	36.3b	5.5a	4.7a	15.2b	7.0a
		F5	26.3c	32.7c	5.3a	3.8b	16.8a	7.7a
	HY25	F1	20.1d	23.1c	5.5a	4.2a	14.3b	5.0c
		F2	21.3d	24.3c	4.5b	3.5b	12.7c	5.7b
		F3	30.0b	32.6b	5.7a	4.0a	14.8a	5.3b
		F4	32.9a	39.2a	5.2a	4.2a	14.8a	6.3a
		F5	26.5c	30.6b	5.2a	4.3a	15.0a	6.7a

（续表）

土壤类型	品种	处理	主茎高/cm	侧枝长/cm	一次分枝数/个	二次分枝数/个	主茎叶数/个	第一对侧枝基部10 cm节数/个
非盐碱地	HY22	F1	54.9a	54.3a	5.2a	4.0ab	18.8a	5.7c
		F2	47.9a	47.5a	4.7b	3.5b	18.3a	6.0b
		F3	35.5c	34.3c	5.3a	3.8b	17.0b	5.7c
		F4	35.5c	39.3b	5.2a	3.8b	15.8c	6.5a
		F5	37.1b	38.8b	4.8b	4.3a	16.3c	7.0a
	HY25	F1	29.7a	30.4a	5.3a	4.2a	13.2b	4.3c
		F2	31.5a	32.8a	5.2a	3.7b	14.3a	4.7b
		F3	23.9c	24.6c	5.3a	3.0c	14.7a	5.0b
		F4	27.7b	24.1c	5.2a	4.3a	14.2a	6.0a
		F5	28.7b	28.5b	5.3a	2.7c	14.8a	6.3a

注：不同小写字母表示同一品种不同处理间存在显著差异。

非盐碱地试验中，两品种各处理的第一对侧枝基部10 cm节数表现与盐碱地试验表现基本一致，除HY22 AMF处理（F3）之外其他各处理均有显著提高，且AMF菌肥+过磷酸钙的（F4和F5）复合效应显著高于单一过磷酸钙（F2）和AMF菌肥（F3）处理；而主茎叶数在2个品种上的表现出现了差异，HY25的AMF菌肥（F3）、过磷酸钙（F2）、AMF菌肥+钙肥（F4和F5）复合效应上也均有显著提高，但HY22却出现显著降低的趋势，这说明不同的肥料处理对不同花生品种影响各异；主茎高两品种均表现为AMF菌肥处理（F3）低于其他各处理，而AY22品种侧枝长表现为F3最低，HY25品种侧枝长表现为F4最低，而对照F1和单一过磷酸钙处理（F2）均显著高于其他各处理，而F1和F2之间无显著差异。

第二节 丛枝菌根真菌对盐胁迫花生产量和品质的影响

一、丛枝菌根真菌对盐胁迫花生产量的影响

为了进一步验证AMF对花生盐胁迫的缓解作用，对大田试验花生的产量、产量构成和籽粒品质进行分析。如表2-2所示，在正常生长条件下，AMF使两品种的荚果产量

显著提高了13.60%~18.65%。在盐胁迫条件下，AMF显著提高了两品种的荚果产量和百果重，分别显著提高了13.77%~22.60%和16.05%~16.60%。

表2-2 不同处理对花生产量和产量构成的影响

品种	处理	荚果产量/(kg/hm²)	百果重/g	单株果数/(个/株)	饱果率/%
HY20	对照	5 864.53b	249.85a	23.80a	76.34a
	AMF	6 662.17a	257.53a	25.20a	75.58a
	NaCl	4 274.94d	188.51c	23.20a	74.46a
	AMF+NaCl	4 863.62c	218.76b	24.60a	75.04a
HY25	对照	6 375.17b	275.62ab	20.80a	74.82a
	AMF	7 564.32a	290.15a	22.20a	75.02a
	NaCl	4 872.86d	221.53c	19.60a	72.52b
	AMF+NaCl	5 974.05c	258.31b	21.20a	74.71a

注：不同小写字母表示同一品种不同处理间存在显著差异。

（一）丛枝菌根真菌和过磷酸钙对花生产量的影响

钙是植物必需营养元素之一，能够维持细胞壁和细胞膜的稳定性，提高植物对逆境的抵抗能力。花生是需钙较多的作物，对钙元素的需求量仅次于氮（史晓龙等，2018；杨凤平，2015）。花生缺钙时，种子发育受阻，造成空壳、秕果及烂果和黑心果增加，严重影响产量和品质（刘晓晖，2018；田家明等，2019）。研究表明，钙肥可促进花生生长，可增加单株总果数和饱果数；减少花生空果、秕果数，提高花生出仁率与百果重，显著提高荚果产量，同时提高籽仁中脂肪含量和油酸和亚油酸比值（O/L）（田家明等，2018；刘润进等，2017）。适量外源钙对非盐碱土与盐碱土花生的主茎高、侧枝长、地上部分干质量、叶面积指数、光合速率及产量均有提高（刘润进等，2017）。在本研究中，盐碱地和非盐碱地施用过磷酸钙后，花生植株生物量提高，产量构成因素中总果数、饱果数、双仁果数、百果重、百仁重等均提高，从而提高产量，与前人研究一致。非盐碱地花生施用过磷酸钙后，对花生蛋白质和脂肪含量无显著影响，而盐碱地花生施用过磷酸钙后蛋白质提高，2种土壤类型均提高了油酸含量，显著降低了亚油酸含量，O/L提高。

盐碱地2个品种产量表现出相同的趋势（图2-3），其中F5产量最高，显著高于F1至F3，HY22与HY25分别比对照F1产量提高了51.0%和49.6%，但与F4差异均不显著；2个品种AMF处理（F3）比过磷酸钙处理（F2）产量均有所提高，但差异不显著。因此，同等复合肥处理下，各处理表现为AMF与过磷酸钙复合效应（F4和F5）>AMF效应（F3）>过磷酸钙效应（F2）。

非盐碱地2个品种产量同样表现为F5最高，HY22和HY25产量分别比对照F1处理增加34.0%和40.0%。与非盐碱地2个品种过磷酸钙处理（F2）相比，AMF处理（F3）产量显著降低。因此，在同等复合肥用量下，非盐碱地各处理表现为AMF与过磷酸钙的复合效应（F4与F5）>过磷酸钙效应（F2）>AMF效应（F3）。

盐碱地与非盐碱地相比，2个品种各处理平均产量，非盐碱地显著高于盐碱地，2个品种之间产量差异不显著。与盐碱地相比，非盐碱地HY22产量分别增加23.5%（F1）、20.3%（F2）、5.9%（F3）、10.1%（F4）和9.2%（F5）；同样HY25非盐碱地比盐碱地分别增产17.8%（F1）、16.2%（F2）、3.3%（F3）、11.1%（F4）和10.3%（F5）。由此可见，施用过磷酸钙和AMF（F2、F3、F4、F5）均可降低盐碱地与非盐碱地的产量差异，且供试2个品种表现一致。

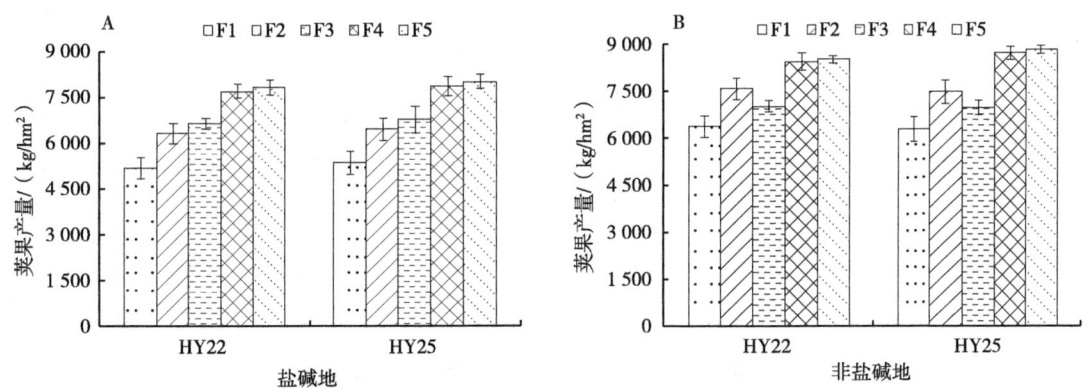

图2-3　AMF和过磷酸钙对花生产量的影响

注：F1-复合肥（1 200 kg/hm²）（农民常规花生施肥方式）；F2-复合肥（975 kg/hm²）+过磷酸钙（600 kg/hm²）；F3-复合肥（975 kg/hm²）+AMF种子包衣；F4-复合肥（975 kg/hm²）+过磷酸钙（600 kg/hm²）+AMF种子包衣；F5-复合肥（1 200 kg/hm²）+过磷酸钙（600 kg/hm²）+AMF种子包衣。下同。

（二）丛枝菌根真菌和过磷酸钙对花生产量构成因素的影响

盐碱地花生HY22品种总果数、饱果数、双仁果数、百果重、百仁重均与产量表现出基本相同的趋势（表2-3），F4、F5显著高于F3、F2，而F2至F5处理均显著高于对照F1处理，而各处理对出仁率的影响较小，除F4、F5显著高于其他3个处理外，F1至F3各处理间差异不显著。其中，饱果数的差异最大，过磷酸钙+AMF复合处理（F4、F5）饱果数相较过磷酸钙（F2）与AMF（F3）单独处理多了将近4个，比单独复合肥（F1）处理多了将近6个。盐碱地HY25品种各处理花生产量构成因素的变化规律与HY22基本一致。

非盐碱地2个品种总果数、饱果数、双仁果数均表现为F5处理最高，但与F4处理差异较小，而过磷酸钙（F2）处理高于AMF菌肥（F3）处理，百果重和百仁重也表现出基本相同的趋势，仅出仁率各处理之间差异较小，但F2至F5处理均高于对照F1处理。可见，非盐碱地过磷酸钙效应大于AMF菌肥效应。

表2-3　AMF和过磷酸钙对花生产量构成因素的影响

土壤类型	品种	处理	总果数/个	饱果数/个	双仁果数/个	百果重/g	百仁重/g	出仁率/%
盐碱地	HY22	F1	16.4c	6.7c	12.1c	205.5c	70.1c	66.8b
		F2	16.7c	8.3b	13.3b	218.2b	85.5b	67.4b
		F3	18.3b	8.7b	14.7b	217.2b	86.2b	66.9b
		F4	20.6a	12.3a	16.7a	231.6a	93.1a	70.6a
		F5	21.1a	12.7a	18.3a	235.5a	93.3a	70.5a
	HY25	F1	14.7b	7.3c	12.3c	212.5d	81.0c	67.7b
		F2	15.0b	8.7b	12.7c	219.3cd	93.2b	68.6b
		F3	17.2ab	9.7b	14.1b	238.2bc	97.9b	71.0a
		F4	19.7a	11.3a	15.7a	248.7ab	101.8a	71.7a
		F5	21.1a	12.0a	16.0a	264.6a	102.9a	72.2a
非盐碱地	HY22	F1	17.3c	8.0c	13.3c	269.3c	113.2c	70.0b
		F2	19.2b	9.7b	15.0b	280.0bc	119.8a	71.4a
		F3	17.7c	9.0b	15.7b	289.3b	117.2b	71.5a
		F4	23.7a	14.7a	17.7b	297.0a	120.7a	72.0a
		F5	25.0a	15.3a	19.3a	299.0a	121.1a	71.7a
	HY25	F1	16.7c	8.3c	12.0c	264.0c	117.6c	71.3b
		F2	18.7b	10.3b	14.3b	279.3b	122.9a	72.3a
		F3	17.2c	9.0c	14.0b	284.7b	121.4b	72.5a
		F4	23.7a	15.7a	18.7a	298.3a	125.7a	72.5a
		F5	24.7a	16.0a	19.3a	299.3a	126.4a	72.6a

注：同一列相同字母表示不同处理间差异不显著。

二、丛枝菌根真菌对盐胁迫花生品质的影响

AMF显著提高了盐胁迫下花生籽仁的蛋白质含量，但对其他品质指标无显著影响

（表2-4）。这表明，AMF提高了盐胁迫下花生荚果产量，并改善籽仁品质。

表2-4 不同处理对花生籽仁品质的影响

品种	处理	蛋白质/%	脂肪/%	油酸/%	亚油酸/%	油亚比O/L
HY20	对照	27.42a	53.75a	45.02a	30.53b	1.47ab
	AMF	28.15a	54.93a	45.93a	29.05ab	1.58a
	NaCl	25.72b	53.97a	44.74 b	33.14a	1.35b
	AMF+NaCl	28.11a	53.16a	45.21a	32.26a	1.40ab
HY25	对照	28.54a	54.21a	46.94a	30.73bc	1.53a
	AMF	28.21ab	55.18a	49.05a	28.96c	1.69a
	NaCl	24.95c	53.94a	47.96a	36.31a	1.32b
	AMF+NaCl	27.32b	52.79a	47.31a	33.83ab	1.40b

注：不同小写字母表示同一品种不同处理间存在显著差异。

AMF可改善连作花生根际周围的微环境，提高寄主植物对营养元素的吸收，改善植株营养状况，促进植株生长，增强对逆境胁迫的抗性，促进连作花生地上部分生长，最终增加植物的产量，改善品质（赵鑫等，2020；吴强盛等，2007；Luo et al.，2019；Ye et al.，2019）。有研究表明，AMF促进了盐碱地西瓜的生长发育，提高了保护酶活性和光合能力（崔利等，2019）。AMF能够改善连作花生根际土壤微生态环境，增强连作土壤对致病菌的抵抗能力，从而缓解连作障碍对花生根系的危害，显著提高连作花生的产量，增加籽仁中蛋白质、油酸和亚油酸的含量（Pan et al.，2000）。本研究结果表明，AMF单一和过磷酸钙复合处理可显著提高盐碱地和非盐碱地花生蛋白质和油酸含量，降低亚油酸含量，提高O/L，对脂肪含量无显著影响，与前人研究基本一致。

如表2-5所示，盐碱地两品种AMF菌肥（F3）和过磷酸钙（F2）处理均可显著提高花生蛋白质和油酸含量，降低亚油酸含量，提高油酸/亚油酸比值。另外，AMF菌肥+过磷酸钙（F4、F5）处理的效果更加明显，但复合肥用量差别未造成显著差异；各个处理间脂肪含量均无显著变化。

非盐碱地AMF菌肥（F3）和过磷酸钙（F2）处理对花生蛋白质和脂肪含量无显著影响，但是F3可显著提高油酸含量，显著降低亚油酸含量，提高油酸/亚油酸比值；与盐碱地相似，AMF菌肥+过磷酸钙（F4、F5）处理的效果更加明显。而各处理对花生脂肪含量均无显著影响。

表2-5 AMF和过磷酸钙对花生品质的影响

土壤类型	品种	处理	蛋白质	脂肪	油酸	亚油酸	油酸/亚油酸
盐碱地	HY22	F1	23.0c	52.3a	46.8b	35.1a	1.33b
		F2	24.3b	51.9a	49.7a	32.9b	1.51a
		F3	25.4b	52.4a	50.3a	31.8c	1.58a
		F4	27.0a	51.1a	50.0a	32.3b	1.55a
		F5	27.0a	50.8a	50.4a	31.6c	1.59a
	HY25	F1	25.0c	51.0a	42.6c	38.6a	1.10b
		F2	25.9b	50.1a	43.2b	37.4b	1.16b
		F3	25.7b	51.8a	43.7b	37.8b	1.16b
		F4	26.5a	50.4a	46.4a	34.8c	1.33a
		F5	26.3a	51.8a	47.9a	35.2c	1.36a
非盐碱地	HY22	F1	29.6a	50.3a	45.8c	35.5a	1.29c
		F2	29.7a	50.0a	45.3c	36.0a	1.26c
		F3	29.1a	50.8a	48.3b	33.6b	1.44b
		F4	29.6a	51.3a	51.8a	30.0c	1.73a
		F5	29.3a	49.7a	52.0a	30.4c	1.71a
	HY25	F1	29.4a	50.4a	45.0c	36.3a	1.24b
		F2	29.4a	51.1a	45.4c	35.9a	1.26b
		F3	29.0a	49.8a	47.0b	34.7b	1.35b
		F4	29.5a	50.5a	52.0a	30.0c	1.73a
		F5	29.0a	49.0a	50.5a	31.7c	1.59a

磷和高浓度氮添加抑制AMF根内和根外生长，中等浓度氮添加则促进AMF生长，氮素添加导致的土壤酸化是抑制AMF生长的主要因素，而不是氮素营养本身。本试验中，同等复合肥处理下，盐碱地和非盐碱地施加AMF、过磷酸钙单一和复合处理，产量显著提高；盐碱地复合效应>AMF菌肥效应>过磷酸钙效应；非盐碱地复合效应>过磷酸钙效应>AMF菌肥效应。AMF菌肥和过磷酸钙处理均可显著提高花生蛋白质和油酸含量，降低亚油酸含量，提高O/L，对脂肪含量无显著影响。复合肥用量加大，趋势相同，同一处理下差异不显著。

第三章　丛枝菌根真菌对盐胁迫花生根系发育和根际土壤微生态的影响

丛枝菌根真菌（Arbuscular Mycorrhizal Fungi，AMF）是土壤中普遍存在的一类真菌，能与90%的植物根系形成互惠共生体——丛枝菌根（Ci et al.，2021）。利用植物与AMF的互惠共生关系，提高作物在盐渍化土壤中的生产力是改良盐碱土壤的新课题。已有研究表明，丛枝菌根真菌能够增强植物在盐碱地的生长，恢复植被（Govindarajulu et al.，2005）。盐胁迫条件下，AMF通过提高宿主植物耐盐生理反应，增加植物对氮、磷、钾等矿质营养的吸收，降低宿主植物体内Na^+、Cl^-含量，增加宿主植物生物量等方面缓解盐胁迫对植物的伤害（Gupta et al.，1996；Jin et al.，2017；McHugh et al.，2004；Qin et al.，2021；Sheng et al.，2009）。AMF还可通过提高宿主植物根系活力，扩大根系的吸收面积进而改变根系形态，协调根系激素水平促进根系生长等方面促进植物抗盐性（McHugh et al.，2004；Taylor et al.，2002；Verbruggen et al.，2010）。另外，AMF活化土壤养分，改善根际微生物环境，通过改善土壤微环境减缓盐碱胁迫对植物造成的伤害（陈永亮等，2014；McHugh et al.，2004）。

研究发现，在盐碱地和非盐碱地上，AMF与Ca单一或复合处理，均提高花生植株生物量、产量和花生籽仁品质（崔令军等，2020）。AMF与Ca改善盐碱地花生根际土壤微生物群落结构多样性，增加变形菌门和硬壁菌门微生物丰度，调整鞘氨醇单胞菌属为优势菌属，调节根际土壤酶活性，促进盐碱地花生生长发育，从而提高花生耐盐性（陈永亮等，2014）。因此，接种AMF对花生根系发育及根际土壤环境有一定影响，可为AMF菌肥在盐碱地花生高效生产中的应用提供理论依据和技术支撑。

第一节　丛枝菌根真菌对盐胁迫花生根系发育的影响

一、丛枝菌根真菌对盐胁迫下花生根系生长的影响

作物根系是与土壤盐分直接接触的器官，其生长也受到盐胁迫的抑制，主要表现为根系表面积和根长的降低（Ruiz-Lozano et al.，2012）。在本研究中，盐胁迫降低了植株根系生物量、根长、表面积和体积。接种AMF提高了盐胁迫下花生根系的总根长、根表面积和根体积，有利于促进根系对水分和养分的吸收。这表明，AMF通过与作物根系建立共生关系改变了根系构型，促进了盐胁迫下的花生根系发育。目前，许多研究结果也表明，接种AMF植株往往具有更发达的根系（Talaat et al.，2014）。唐悦等（2020）在草莓的研究中也发现AMF显著提高了草莓在盐碱胁迫下的总根长、总表面积、体积和投影面积。

在正常生长条件下，AMF对两品种花生根系的生长无显著影响；在盐胁迫条件下，接种和未接种植株的根系生长均受到抑制（图3-1）。而与未接种植株相比，盐胁迫下接种AMF有效缓解了盐胁迫对花生植株地下部生长的抑制作用，根系生物量显著增加。其中，接种植株的地下部鲜重和干重分别显著提高了22.58%~25.09%和42.37%~54.76%（图3-2A，图3-2B）。

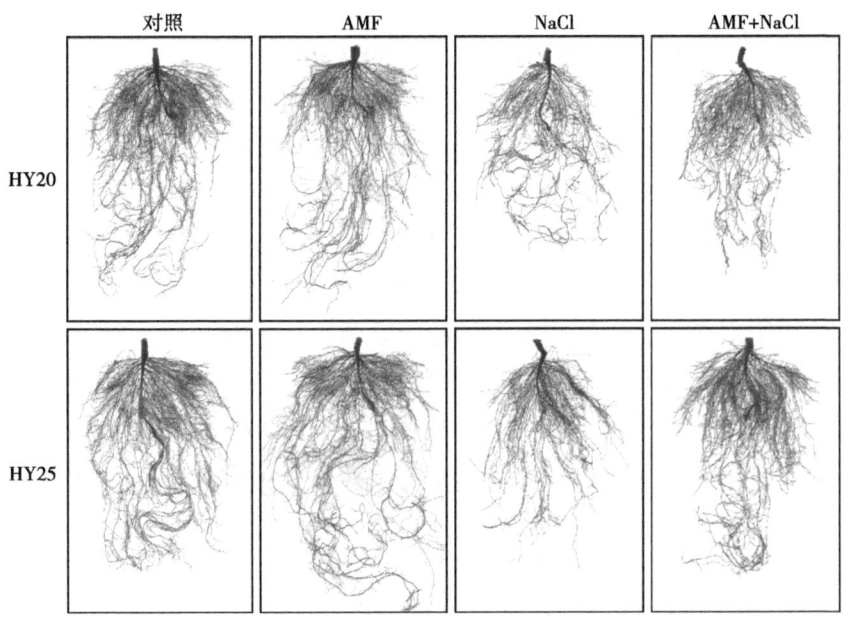

图3-1　AMF对花生植株地下部生长的影响

为了进一步探究盐胁迫下AMF对花生植株地下部生长的影响，我们对两品种花生植株的根系形态参数进行了测定（图3-2）。结果表明，在正常生长条件下，接种AMF对两品种花生幼苗的总根长、根体积、根表面积等根系形态参数无显著影响。在盐胁迫条件下，两品种花生植株根系的总长度、表面积和体积显著降低，分别降低了32.80%～38.39%、33.60%～34.08%和17.56%～20.13%。而与未接种植株相比，接种AMF植株的总根长、根表面积和根体积均显著提高，分别提高了25.95%～33.01%、10.88%～14.62%和20.89%～30.81%。此外，盐胁迫和接种AMF处理对根的平均直径均无显著影响。

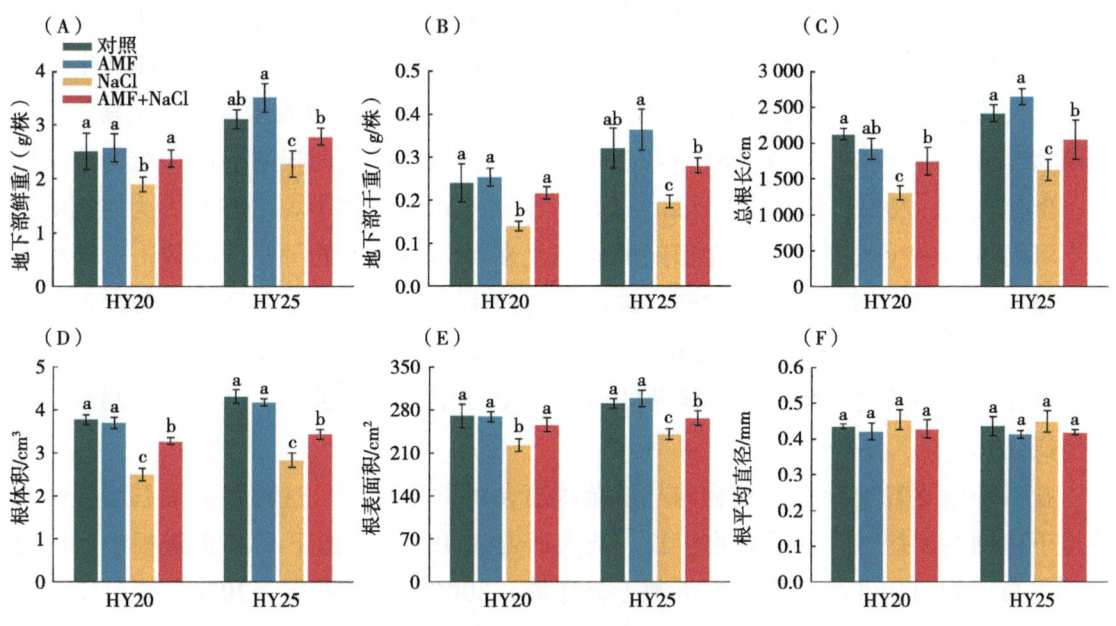

图3-2 AMF对花生植株地下部干鲜重和根系形态参数的影响

二、丛枝菌根真菌对花生根系形态特征的影响

AMF能与90%的植物根系形成互惠共生体——丛枝菌根，对植物生长通常有积极的作用。大量研究表明，接种丛枝菌根真菌能够改善植物根系生长和发育（柳威等，2010；崔令军等，2020；李胜宝等，2021）。本试验中，花生种子AMF包衣处理对非盐碱地花生根系生长有显著的促进作用，却抑制了盐碱地花生苗期和成熟期根系的生长，说明相较于非盐碱土壤，盐碱土壤影响AMF的生长发育，同时影响AMF与花生植株根系建立丛枝菌根共生体。已有研究表明，AMF能够促进植物在盐碱地上的生长，恢复植被（Carvalho et al.，2010），但土壤盐碱程度反过来也影响丛枝菌根真菌生长发育，进而影响与植物的关系。有研究发现，在盐胁迫条件下，宿主植物接种AMF 2.5个月后AMF侵染率极低，且仅有菌丝而没有丛枝结构（McHugh et al.，2004）。AMF

不同菌种或菌株对盐碱忍受能力不同，土壤盐浓度的增加也可影响AMF孢子萌发，缩短芽管伸长，降低AMF活性，抑制菌丝分支，从而减少AMF初次侵染的机会（金樑等，2007；柳威等，2010；盛敏等，2011）。另外，根系和菌丝生长受到盐碱胁迫抑制而使根外菌丝再次侵染的能力降低（金樑等，2007）。另有研究表明，在非盐碱地上，50 d的玉米接种AMF抑制根系形态特征，根长、根表面积、根体积和根尖数显著降低，但随着生长时间的增加，出现相反的效应（李胜宝等，2021）。因此本研究AMF抑制盐碱地花生苗期根系的结果可能是在盐碱土壤的环境下，AMF受盐碱土壤的影响，生长发育受到抑制，同时AMF与花生幼苗最初建立共生关系时，花生幼苗生长受到盐碱土壤的抑制，光合作用降低，向根系转移的碳水化合物减少，而AMF共生体要产生庞大的菌丝网络，真菌其自身的生长和发育通过幼苗寄主吸收大量营养元素，消耗幼苗大部分光合产物，导致AMF与花生根系争碳，从而抑制菌根的形成和植物根系生长（李胜宝等，2021；Cartmill et al.，2013；Jin et al.，2017）。AMF在人为控制的条件下可促进植物生长发育，但在田间的应用受多种环境因素的干扰，随着土著菌根真菌的侵染，菌根之间养分竞争加剧，造成前期的优势逐渐消失（陶晶等，2020）。本研究表明AMF能够促进荚果期花生根系生长发育，但对成熟期根系产生显著的抑制作用，其原因尚不清楚，可能是根瘤菌的侵染与AMF形成竞争关系，其抑制机制有待进一步研究。

盐碱环境下普遍存在着植物与丛枝菌根真菌的共生现象，这种共生关系增强盐碱胁迫下植物的耐盐性，促进植物生长。前人研究表明，盐胁迫下AMF促进根形态的改变是提高植物耐盐性的一个重要机制（金樑等，2007；崔令军等，2020；李胜宝等，2021）。在自然盐渍土和人为盐胁迫下，AMF增加玉米根系伤流量，提高玉米根系的活力，从而增强玉米的耐盐性（冯固等，2000）。在玉米上进一步的研究发现，盐浓度在0~2.0 g/kg范围内，AMF接种增加玉米根系活力、根系平均直径和根系总体积，提高直径0.2~0.4 mm和0.4~0.6 mm根系长度，阻止根系结构向更粗的根系转变，进而缓解盐胁迫对玉米的危害（Sheng et al.，2009）。在不同盐浓度下，AMF接种显著提高桢楠根系总长度、表面积、体积和侧根数量，促进根系生长（崔令军等，2020）。AMF增强植物耐盐性的原因可能是在菌根形成过程中，AMF分泌生长物质刺激植物根系的生长发育，菌根共生体的形成抑制根系分生组织活性，增加不定根和侧根数量，增强根系的活力（金樑等，2007；柳威等，2010；Gupta et al.，1996）。

对盐碱地和非盐碱地花生种子AMF菌肥包衣处理后，分析苗期、花针期、荚果期和成熟期花生植株根系生长状况，结果表明，在盐碱地上，除对荚果期花生根系总长有显著增加（增幅27.82%，$P<0.05$）外，AMF显著或极显著地降低苗期（$P<0.01$）、花针期（$P<0.05$）和成熟期（$P<0.01$）花生根系总长。而在非盐碱地上，从花针期开始AMF

显著增加根系总长度，花针期、荚果期和成熟期分别增加20.20%（$P<0.05$）、21.92%（$P<0.05$）和31.24%（$P<0.01$），AMF对花生苗期根系总长无显著差异（图3-3）。

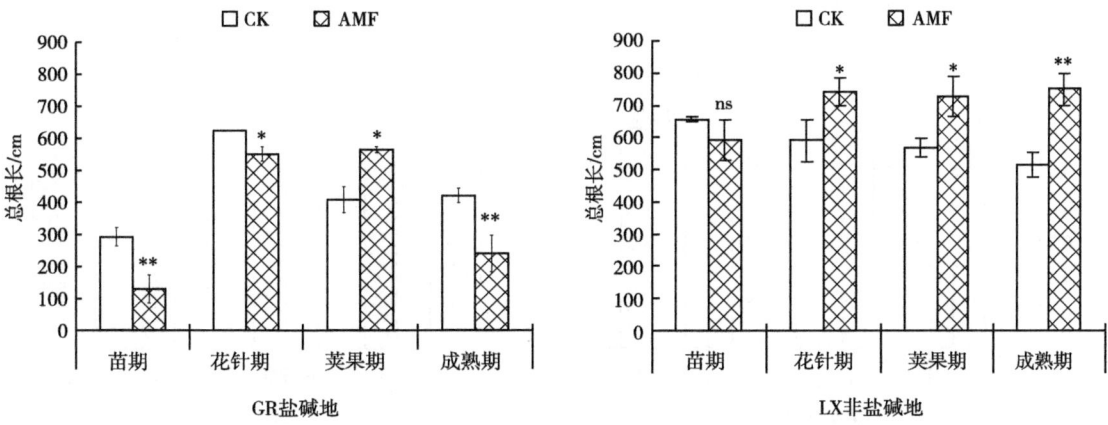

图3-3　AMF对盐碱地和非盐碱地花生总根长的影响

注：ns表示处理间无差异；*表示处理间差异显著（$P<0.05$）；**表示处理间差异极显著（$P<0.01$）；图中数据为平均值±标准差（$n=3$）。

如图3-4所示，AMF对盐碱地花生根系总表面积的影响趋势与总根长基本一致，荚果期花生根系总表面积显著提高31.57%（$P<0.05$），花针期差异不显著，苗期和成熟期均呈极显著降低（$P<0.01$）。非盐碱地上花生苗期根系总表面积不受AMF的影响，花针期开始AMF显著或极显著提高根系总表面积，与CK相比分别增加23.86%（花针期，$P<0.05$）、16.87%（荚果期，$P<0.05$）和40.86%（成熟期，$P<0.01$）。

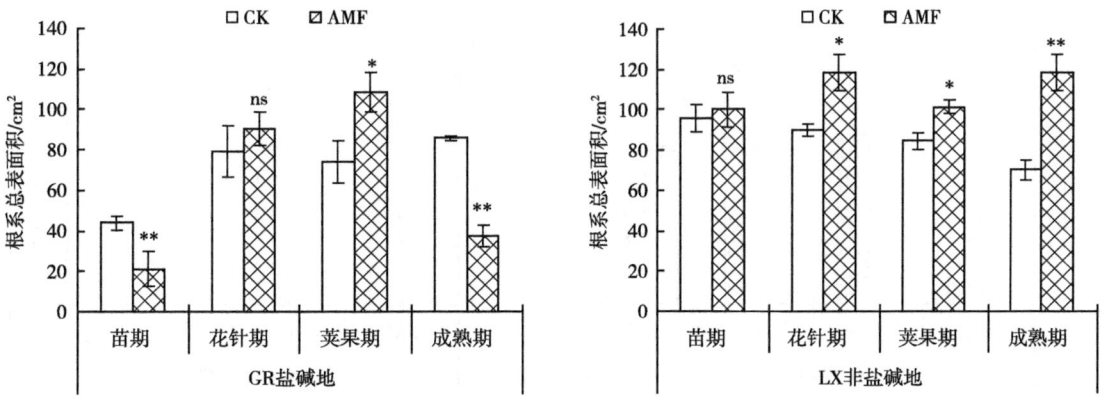

图3-4　AMF对盐碱地和非盐碱地花生根系总表面积的影响

注：ns表示处理间无差异；*表示处理间差异显著（$P<0.05$）；**表示处理间差异极显著（$P<0.01$）；图中数据为平均值±标准差（$n=3$）。

AMF对盐碱地和非盐碱地花生根系直径的影响均较小，非盐碱地接种AMF的花生苗期根系直径显著增加12.57%（$P<0.05$），盐碱地接种AMF的花生根系直径花针期开始有所增加，但均无显著差异（图3-5）。

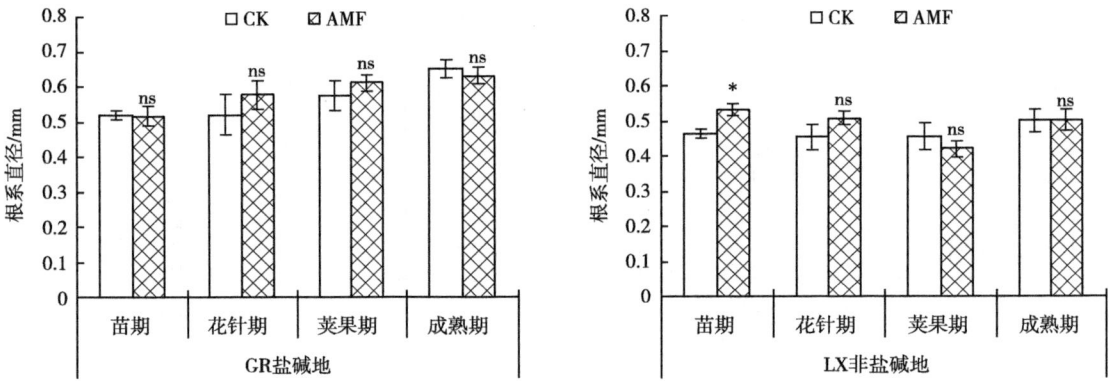

图3-5　AMF对盐碱地和非盐碱地花生根系直径的影响

注：ns表示处理间无差异；*表示处理间差异显著（$P<0.05$）；图中数据为平均值±标准差（$n=3$）。

如图3-6所示，AMF对盐碱地和非盐碱地花生根系总体积的影响趋势与总根长和总表面积相似，AMF显著提高非盐碱地花针期（$P<0.05$）、荚果期（$P<0.01$）和成熟期（$P<0.01$）花生根系总体积，分别提高25.94%、30.30%和49.69%，而盐碱地花生接种AMF后根系总体积只在荚果期呈极显著提高（$P<0.01$），增幅为31.57%。

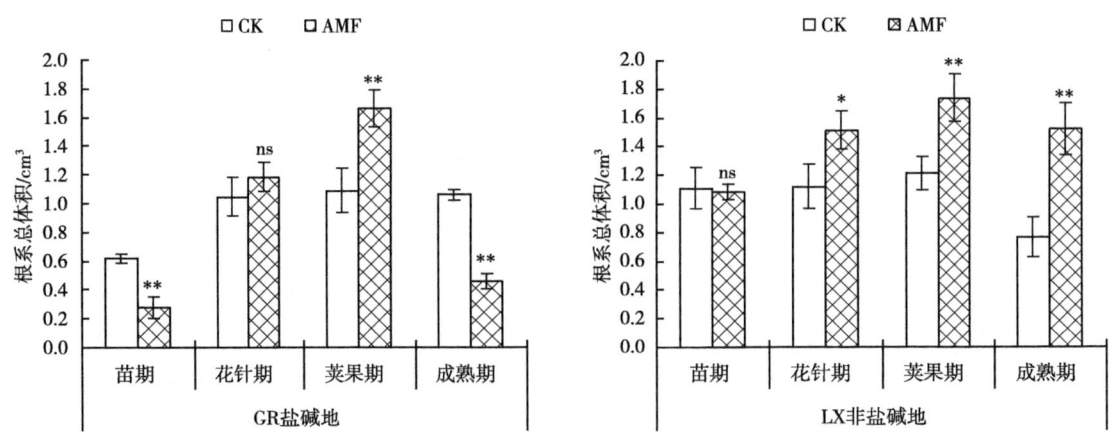

图3-6　AMF对盐碱地和非盐碱地花生根系总体积的影响

注：ns表示处理间无差异；*表示处理间差异显著（$P<0.05$）；**表示处理间差异极显著（$P<0.01$）；图中数据为平均值±标准差（$n=3$）。

综合以上结果分析，花生种子AMF包衣显著提高了盐碱地和非盐碱地花生根系总长、根系总表面积和根系总体积，对根系直径的影响不大，AMF能够促进花生根系生长发育，盐碱地上AMF只对荚果期的花生根系生长发育有明显的促进作用，而非盐碱地上AMF对花生根系生长的促进作用始于花针期，成熟期AMF对根系的生长仍具有显著的促进效果。

第二节 丛枝菌根真菌对盐胁迫花生根际土壤微生态的影响

一、丛枝菌根真菌对根际土壤酶活性的影响

土壤酶参与土壤有机物的矿化和碳、氮、磷等养分元素的物质循环，其活性反映了土壤中的生物生化反应状况，影响着土壤养分的形成和积累。研究表明，接种AMF提高根际土壤蔗糖酶、过氧化氢酶、碱性磷酸酶活性，有利于根际土壤碱性磷酸酶、脲酶、蔗糖酶、纤维素酶、蛋白酶和过氧化氢酶活性的增加（金樑等，2007；柳威等，2010）。在黄河三角洲东营基地盐碱地花生的试验发现，AMF提高花生根际土壤脲酶和蔗糖酶活性，对过氧化氢酶和磷酸酶活性影响无差异（Ci et al., 2021）。而本试验在黄河三角洲东营市广饶盐碱地上的结果发现，AMF显著提高花生各发育时期根际土壤磷酸酶和蔗糖酶活性，仅提高了成熟期过氧化氢酶活性，而对脲酶活性无显著影响；而在非盐碱地上，AMF提高花针期磷酸酶活性、荚果期脲酶活性、荚果期和成熟期蔗糖酶活性。两个试验中AMF对盐碱地花生根际土壤酶活性的不同影响，可能由于同一地区不同地点盐碱土壤的理化性状不同。

土壤生物在呼吸代谢过程中会产生过氧化氢，而过氧化氢的积累会对生物和土壤产生毒害作用，过氧化氢酶促进呼吸过程中产生的过氧化氢分解为水和氧，解除过氧化氢对土壤的毒害作用。本试验发现，AMF可促进盐碱地花生成熟期根际土壤过氧化氢酶活性，说明AMF会在一定程度上提高盐碱土壤的解毒性，缓解盐碱胁迫对花生的危害。

土壤磷酸酶活性是评价土壤中磷生物转化的重要指标，土壤有机磷需要在磷酸酶的酶促作用下转化为植物可利用的形态。研究表明，AMF菌根的形成需要一定的磷素，盐胁迫下，尤其当植物对磷的需求得不到满足时，植物对AMF的依赖性提高（冯固等，2000），植物根系分泌物增多，促进AMF孢子萌发和菌丝生长，加强了植物与

AMF的共生关系（McHugh et al., 1996）。我们的试验结果发现，AMF促进盐碱地花生根际土壤有效磷含量的增加，且根际磷酸酶活性的提高贯穿花生生长发育的花针期到成熟期，说明在盐碱环境下AMF与花生的共生关系加强，AMF可通过菌丝跨越根表区域，延伸到根系外土壤摄取植株根系无法吸收的磷，扩大对有效磷的吸收范围，增加对难溶性无机磷的吸收，将非根际土壤的有效磷向根际运输和传递，提高根际有效磷的含量（冯固等，2000；金樑等，2007；Ci et al., 2021）。此外，AMF可能对花生根际土壤磷酸酶产生了刺激和分泌作用，促进磷酸酶活性的增加，更有效地促进盐碱地花生根际土壤有机磷的矿化和生物有效性，从而促使盐碱环境下花生根系对磷的有效吸收和利用，这可能是AMF改善花生磷营养和提高花生的耐盐性的重要因素（McHugh et al., 1996）。在非盐碱地上，除了AMF菌丝对有效磷的扩大吸收外，花针期磷酸酶活性的提高也是根际有效磷含量增加的重要因素。

蔗糖酶广泛存在于土壤中，参与土壤碳水化合物的转化，使土壤中的蔗糖水解生成葡萄糖和果糖，增加土壤的可溶性营养物质，其活性是土壤生物学活性、土壤肥力和土壤熟化程度的重要表征。研究表明，蔗糖酶作为有机碳分解的转化酶，其活性随着微生物活动的增强而增强，微生物通过蔗糖酶加速分解土壤有机碳为植物提供养分（赵仁竹等，2015）。本试验，AMF提高盐碱地与非盐碱地花生花针期到成熟期根际蔗糖酶活性，表明AMF可提高花生开花到果实成熟发育时期的土壤生物活性，改善土壤微生物状况，蔗糖酶活性增加加速土壤有机碳的矿化速率，为花生提供充足的碳养分。

试验发现，AMF无论对盐碱地还是对非盐碱地苗期花生根系生长发育均无显著差异影响，因此，本试验对花针期、荚果期和成熟期根际土壤酶活性进行分析。AMF对盐碱地和非盐碱地花生花针期和荚果期根际土壤过氧化氢酶（CAT）无差异影响（图3-7），AMF显著提高了盐碱地成熟期花生根际土壤CAT活性，但非盐碱地花生成熟期CAT活性却表现出相反趋势。AMF极显著提高了盐碱地花生花针至成熟期根际土壤磷酸酶活性，增幅分别为48.82%、41.16%和43.38%；但在非盐碱地上，AMF仅显著提高了花针期磷酸酶活性，而显著降低了成熟期磷酸酶活性。AMF显著或极显著降低了盐碱地和非盐碱地花生花针期脲酶活性，AMF还显著提高了非盐碱地花生荚果期脲酶活性。另外，AMF显著提高了非盐碱地荚果期和成熟期花生根际土壤蔗糖酶活性，增幅分别为18.83%和18.75%。AMF接种对盐碱地土壤蔗糖酶的影响大于非盐碱地，在盐碱地上接种AMF处理花针期、荚果期和成熟期的蔗糖酶含量较未接种处理分别显著或极显著增加33.35%、12.70%和19.84%。

第三章 丛枝菌根真菌对盐胁迫花生根系发育和根际土壤微生态的影响

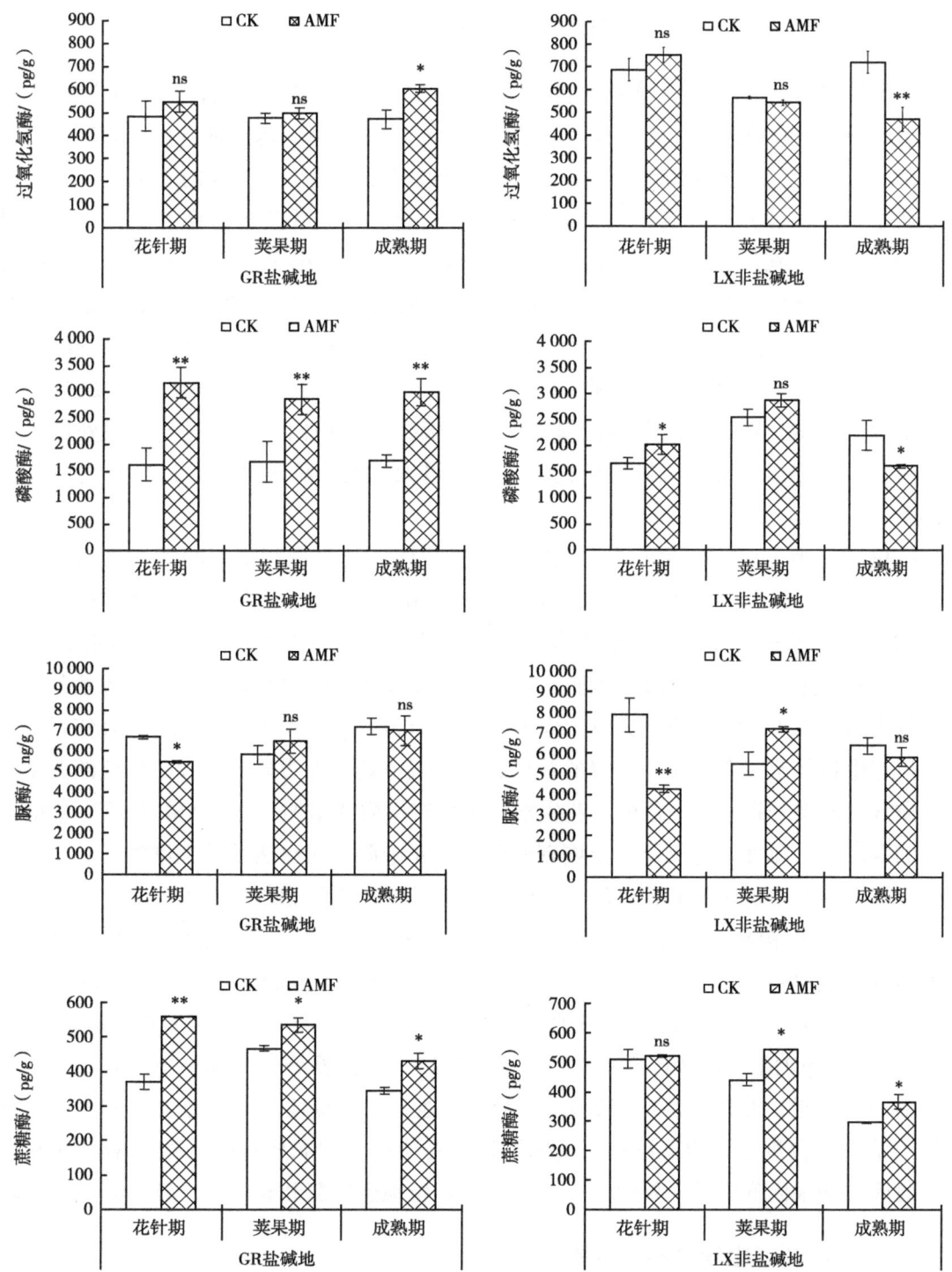

图3-7 AMF对盐碱地和非盐碱地花生根际土壤酶活性的影响

注：ns表示处理间无差异；*表示处理间差异显著（$P<0.05$）；**表示处理间差异极显著（$P<0.01$）；图中数据为平均值±标准差（$n=3$）。

二、丛枝菌根真菌对土壤化学特性的影响

除了磷之外，AMF对土壤氮的含量也有着显著影响。研究表明，AMF能够增加滇重楼幼苗根际土壤速效氮、铵态氮、硝态氮等养分含量，降低速效钾含量（朱芙蓉等，2020）。AMF与寄主植物形成菌根共生体，通过根外菌丝转化吸收的无机氮、氨基酸和复杂有机态氮，并运输到根内菌丝，进一步转化为NH_4^+后参与植物氮素代谢（邓胤等，2009；陈永亮等，2014；汪晓红等，2018）。本研究结果发现，AMF增加盐碱地花生根际土壤碱解氮含量，但参与土壤氮素转化的关键酶脲酶活性不受AMF影响，非盐碱地上两者均无差异，说明AMF可能是通过提高花生根系活力，促进根系分泌含氮化合物进入土壤，增加根际含氮量（Govindarajulu et al.，2005；宰学明等，2014）或改变土壤其他微生物如根瘤菌的固氮能力（陈永亮等，2014）或通过自身根外菌丝分泌分泌物，促进了土壤有机氮的矿化，释放大量无机氮（陈永亮等，2014；陶晶等，2020）。

有机质作为土壤酶作用的主要底物和重要载体，其含量与土壤酶活性之间存在显著的正相关性（Taylor et al.，2002；陶晶等，2020）。有研究表明，在土壤盐胁迫情况下，AMF可以通过增加根系中土壤有机物的含量提高宿主植物的耐盐性（于振兴等，2015），在一定范围内，土壤有机质含量的升高反过来又对AMF孢子密度和菌丝分泌等具有重要的影响（汪晓红等，2018；朱芙蓉等，2020）。本研究结果发现，AMF对增加盐碱地花生根际土壤有机质有一定的效果，非盐碱地效果不明显，各种酶活性的关系与有机质含量表现一致，表明盐碱地花生根际土壤有机质的增加可能是AMF提高花生耐盐性的因素之一。此外，有机质是土壤有机碳的主要来源，在高活性的土壤酶尤其是蔗糖酶的作用下，为盐碱地花生的开花下针和果实发育提供更充足的碳源。

AMF与植株构建共生体过程中，植物根系呼吸，分泌H^+和有机酸等物质，降低土壤的pH值（陈永亮等，2014）。本试验AMF无论对盐碱地或非盐碱地花生根际土壤pH值均无明显的影响，AMF降低盐碱地土壤电导率，这一结果与部分研究结果接种AMF显著降低土壤pH值，增加电导率（江彬等，2017；朱芙蓉等，2020）不一致，原因有待今后的试验进一步验证。本研究AMF对盐碱地和非盐碱地其他养分元素如全钾、速效钾、钠、钙含量变化均无影响，说明本试验花生种子包衣所接种的两个AMF菌种摩西斗管囊霉和根内球囊霉主要促进土壤尤其是盐碱地土壤氮和磷的循环利用。

（一）pH值、电导率和有机质

在盐碱地上，拌种AMF处理的根际土壤电导率较未拌种处理极显著地降低了21.57%，土壤有机质含量显著增加了10.66%；但AMF对非盐碱地花生根际土壤pH值、电导率和有机质均无显著影响（图3-8）。

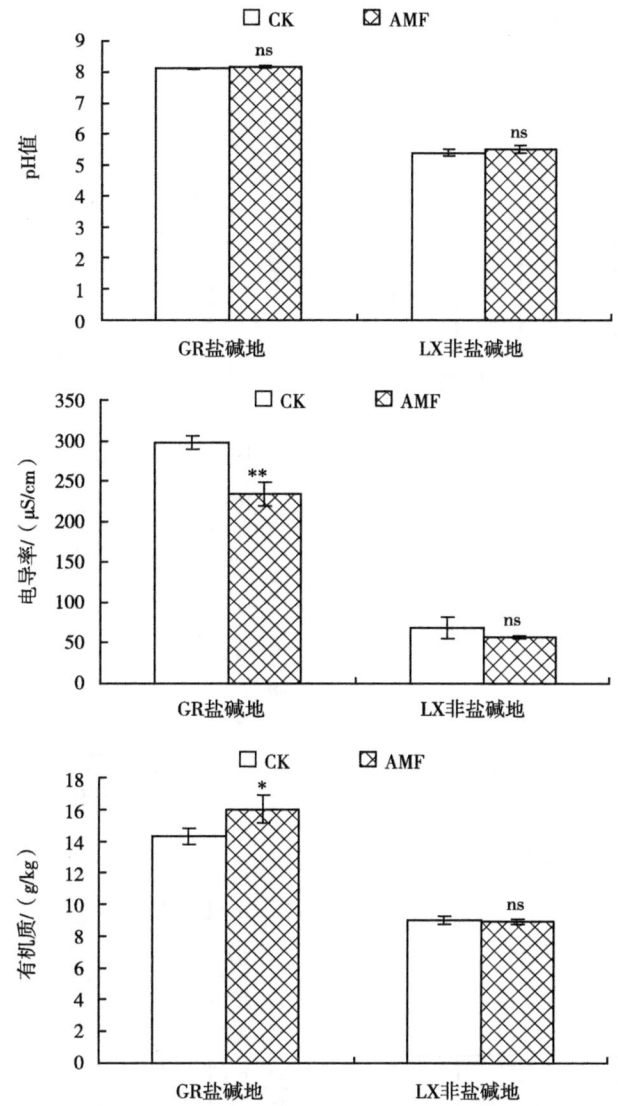

图3-8　AMF对盐碱地和非盐碱地成熟期花生根际土壤pH值、电导率和有机质的影响

注：ns表示处理间无差异；*表示处理间差异显著（$P<0.05$）；**表示处理间差异极显著（$P<0.01$）；图中数据为平均值±标准差（$n=3$）。

（二）土壤养分离子特性

AMF种子包衣显著提高盐碱地花生根际土壤碱解氮和全钠含量，增幅分别为21.54%和9.71%，极显著提高土壤有效磷含量，增幅为60.98%。而AMF对盐碱地土壤速效钾、全钾和全钙无显著影响；而在非盐碱地上，AMF仅显著提高了土壤有效磷含量（增幅为21.21%），拌种处理与未拌种处理的土壤碱解氮、速效钾、全钾、全钠和全钙含量均无显著差异（图3-9）。

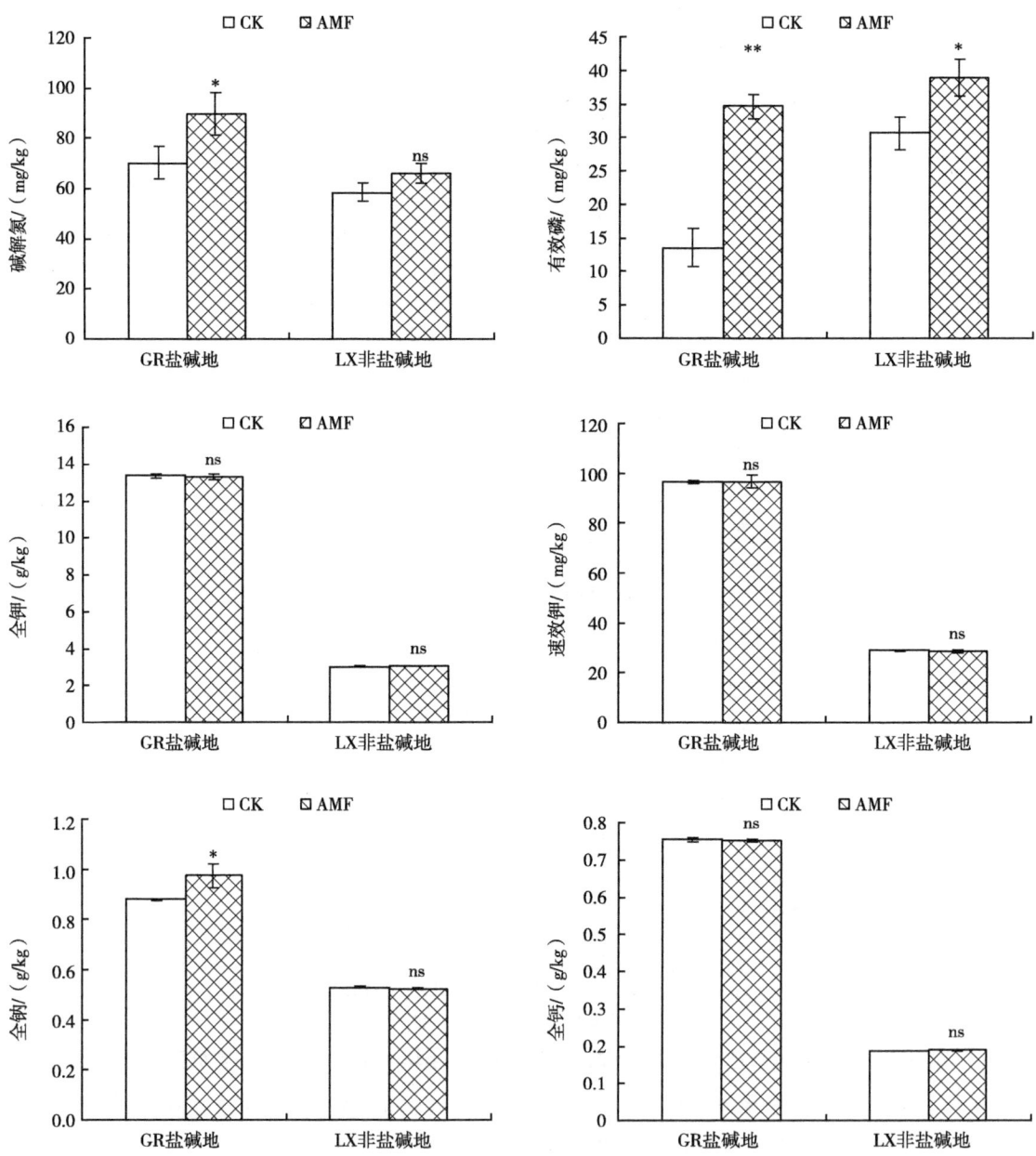

图3-9 AMF对盐碱地和非盐碱地成熟期花生根际土壤养分离子的影响

注：ns表示处理间无差异；*表示处理间差异显著（$P<0.05$）；**表示处理间差异极显著（$P<0.01$）；图中数据为平均值±标准差（$n=3$）。

三、丛枝菌根真菌对土壤细菌群落的影响

总共1 901个OTUs被检测到，其中空白土壤（BS）OUT数目最低（图3-10A）。Alpha多样性分析可以显示花生根际微生物的丰富度和多样性。稀疏曲线（Rarefaction curve）未接近渐近线，表明16S rRNA测序深度足够，根际微生物多样性较高（图3-10B）。物种积累曲线（species accumulation curves）显示随着测序样本量的增加，新物种的增加率也随之增加，说明本次测序深度足够高，可以用于分析群落多样性丰富（图3-10C）。等级丰度曲线（Rank abundance curves）可以反映物种丰度和物种均匀度。在水平方向，物种的丰度由曲线的宽度来反映，物种的丰度越高，曲线在横轴上的范围越大；曲线的形状（平滑程度）反映了样本中物种的均度，曲线越平缓，物种分布越均匀。图3-10D显示花生根际微生物菌群丰度高，物种分布较均匀。

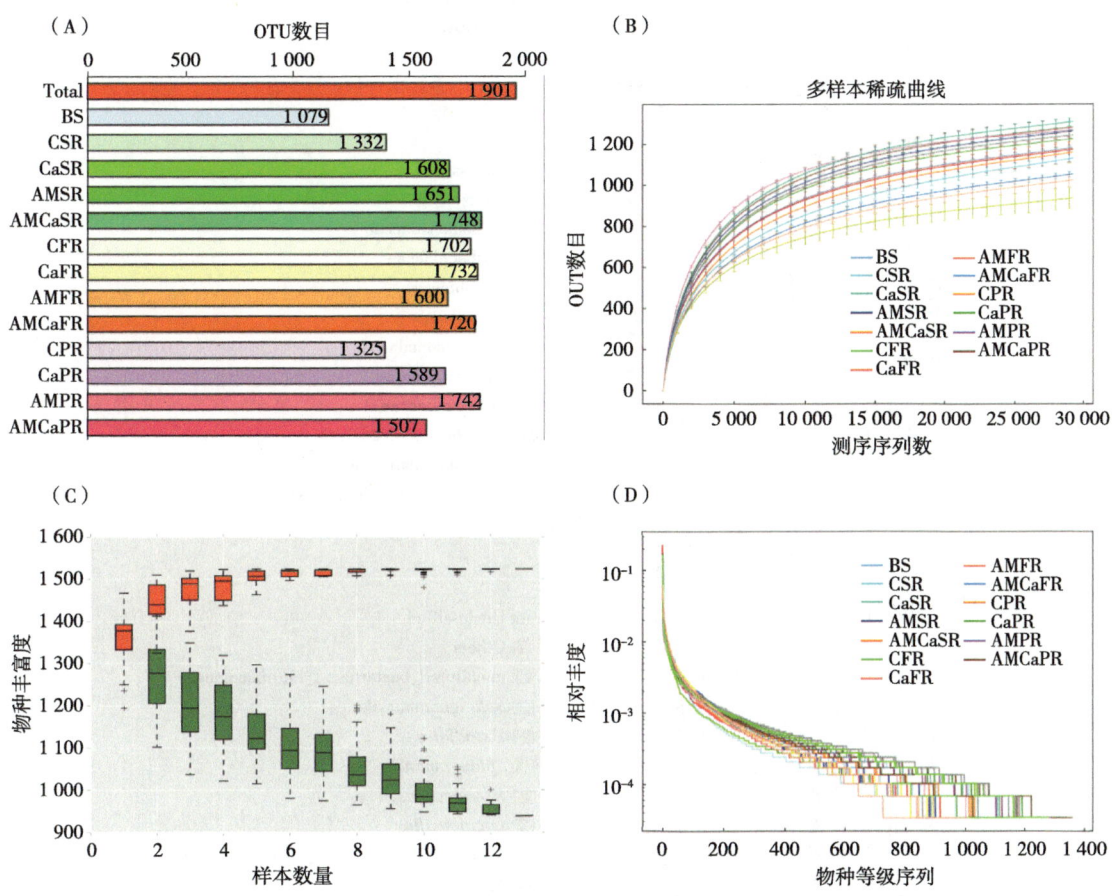

图3-10 Alpha多样性分析

土壤微生物多样性分析显示，不同花生根际土壤样品中的各个门的丰度是不同的，但是优势门都是Proteobacteria（变形菌门）、Acidobacteria（酸杆菌门）、Actinobacteria（放线菌门）、Firmicutes（厚壁菌门）和Gemmatimonadetes（芽单胞菌门），占总微生物菌群的70%以上（图3-11A）。盐碱地施用AMF菌肥和钙肥改变了不同生长时期花生根际微生物门水平细菌丰度，经AMF、钙肥单独处理或叠加处理显著提高幼苗期变形菌门相对丰度，而厚壁菌门相对丰度在结荚期增加（图3-11B）。

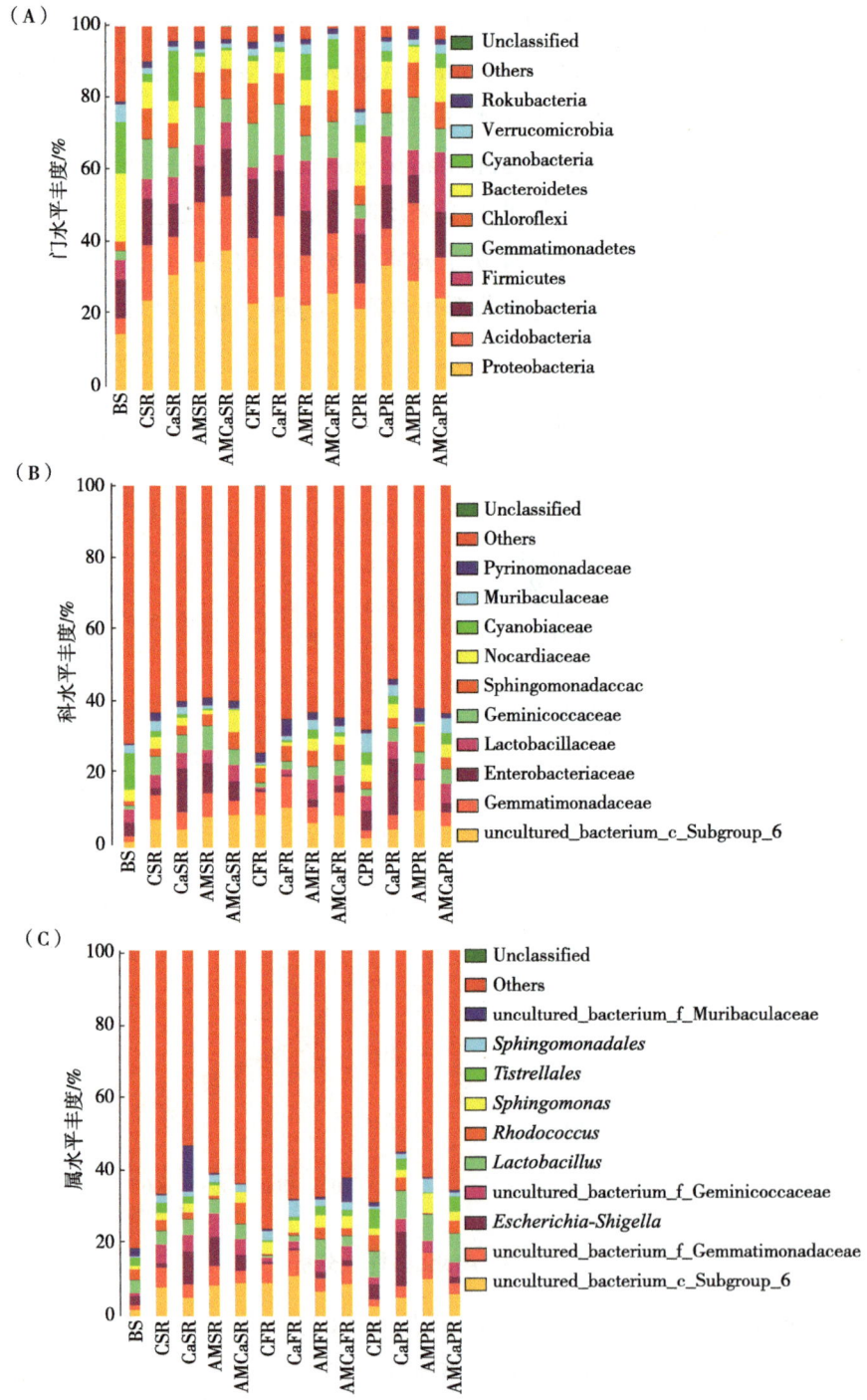

图3-11 门、科、属水平微生物菌群的多样性

科水平最丰富的细菌是uncultured_bacterium_c_Subgroup_6，其次是Gemmatimonadaceae（芽单胞菌科）、Enterobacteriaceae（肠杆菌科）和Lactobacillaceae（乳杆菌科）（图3-11B）。在属水平上的深入调查表明，大量命名为uncultured或

unclassified的未知细菌被检测到，表明花生土壤是一个具有挑战性的生物多样性库，需要进一步研究（图3-11C）。盐碱地施用AMF菌肥或钙肥能在3个不同生长时期增加 *Sphingomonas*（鞘氨醇单胞菌属）的相对丰度，但仅在苗期提高 *Escherichia-Shigella*（埃希氏菌属-志贺菌属）含量（图3-11C）。

  COG功能预测分析显示，replication、recombination and repair和signal transduction mechanisms功能组合在苗期和花期AMF或钙肥处理后均显著增加，其可能与盐胁迫应答密切相关（图3-12A）。KEGG功能预测分析显示，盐碱地施用AMF或钙肥显著提高细菌中胁迫应答相关的功能组合丰度，如environmental adaptation在苗期，signal transduction在苗期和荚期，而xenobiotics biodegradation and metabolism在花期显著提高（图3-12B）。

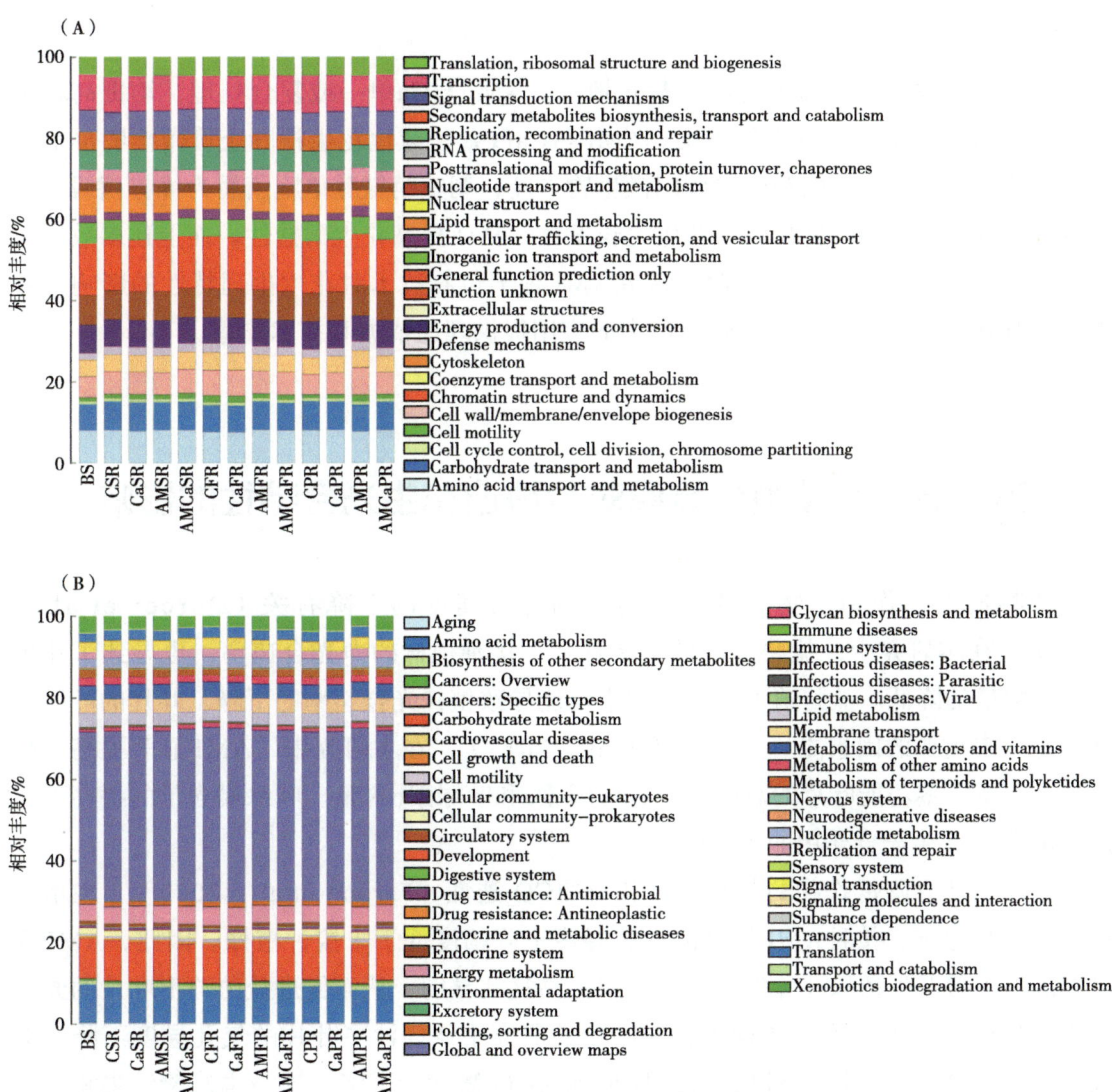

图3-12　Cluster of Orthologous Groups（COG）和Kyoto Encyclopedia of Genes and Genomes（KEGG）分析

第四章 丛枝菌根真菌对盐胁迫花生生理特性的影响

前期研究发现，在盐碱地和非盐碱地上，AMF与Ca单一或复合处理，均提高花生植株生物量、产量和花生籽仁品质。AMF与Ca改善盐碱地花生根际土壤微生物群落结构多样性，增加变形菌门和硬壁菌门微生物丰度，调整鞘氨醇单胞菌属为优势菌属，调节根际土壤酶活性，促进盐碱地花生生长发育，从而提高花生耐盐性。而上述多数方面与花生生理特性密切相关，因此，研究AMF种子包衣技术对花生生理特性的影响，旨在为AMF菌肥在盐碱地花生高效生产中的应用提供理论依据和技术支撑。

第一节 丛枝菌根真菌对盐胁迫花生光合特性的影响

盐胁迫下，作物生物量的降低与作物光合速率的下降有关（Porcel et al.，2015）。在本研究中，盐胁迫降低了接种和未接种植株的净光合速率，也导致了花生植株生物量的降低。盐胁迫下，多个因素均能导致植株光合速率的下降，叶片的叶绿素含量是其中重要的因素之一（Ashraf et al.，2013）。在本研究中，AMF显著提高了盐胁迫下花生主茎功能叶片的总叶绿素、叶绿素a和叶绿素b含量。叶绿素含量的提高可能是AMF促进花生光合作用的关键因素。

盐胁迫还会降低作物的气孔导度和膜的CO_2透性（Farooq et al.，2009）。在本研究中，盐胁迫下，接种AMF植株的气孔导度下降幅度低于未接种植株。因此，AMF很可能通过改善花生植株叶片的水分状况来提高气孔导度，从而促进盐胁迫下叶片的光合作用。然而，刘正祥等（2014）在对沙枣的研究中认为沙枣叶片的气孔导度下降，造成了对叶绿体CO_2的供应下降，最终导致胞间CO_2浓度的下降。这与本试验结果相反。在本研究中，盐胁迫显著提高了接种和未接种植株叶片的胞间CO_2浓度。这可能是因为盐胁迫使光合系统受到损伤，光合作用相关酶的活性降低，抑制了CO_2的同化（Sheng et al.，2008）。而接种AMF促进了盐胁迫下花生叶片CO_2的同化，进而减少了CO_2在细胞中的积累。

叶绿素荧光参数可以直观反映出作物在盐胁迫条件下的光能利用效率（Murchie et al.，2013）。在本研究中，AMF在盐胁迫下提高了花生植株功能叶片的Fv/Fm、ΦPSⅡ和qP。这表明，盐胁迫对接种植株的光系统Ⅱ影响较小。AMF有效缓解了盐胁迫对花生光合系统造成的损伤。有研究表明，在盐胁迫下，植株叶片的NPQ会升高，将过剩的能量转化为热量的形式驱散，从而减轻光合系统的氧化损伤（Baker，2008）。在本试验中，盐胁迫显著提高了花生植株叶片的NPQ。但接种AMF使盐胁迫下花生叶片的NPQ显著低于未接种植株。这也表明，接种AMF减少了光合系统的氧化损伤，使植株能够将更多的光能用于光化学反应，降低了能量热耗散，提高了光能利用率。这与在枸杞上的研究相似（Hu et al.，2017）。

一、丛枝菌根真菌对盐胁迫花生叶片叶绿素含量的影响

由图4-1可知，在正常生长条件下，接种AMF对花生主茎功能叶片的总叶绿素、叶绿素a和叶绿素b含量无显著影响。在盐胁迫条件下，接种和未接种植株的叶绿素含量均显著下降。与对照处理相比，两品种花生植株叶片的总叶绿素含量显著下降了53.23%~60.22%。在盐胁迫下，接种AMF显著提高了两品种花生植株的总叶绿素和叶绿素a含量，分别提高了51.28%~70.40%和65.56%~80.23%。此外，仅有HY20接种植株叶片的叶绿素b含量与未接种植株相比显著提高，而在HY25中无显著变化。

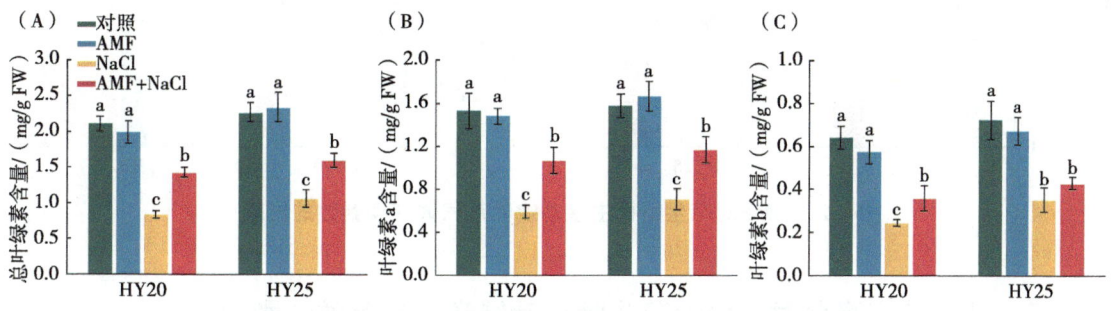

图4-1　AMF对花生植株主茎功能叶片叶绿素含量的影响

二、丛枝菌根真菌对盐胁迫花生叶片气体交换参数的影响

由图4-2可知，在正常生长条件下，接种AMF对花生主茎功能叶片气体交换参数无显著影响。在盐胁迫条件下，花生主茎功能叶片的净光合速率（Pn）、气孔导度

（Gs）和蒸腾速率（Tr）显著降低，胞间CO_2浓度（Ci）显著提高。与对照相比，盐胁迫处理植株叶片的Pn、Gs和Tr分别显著降低了38.17%~47.24%、36.45%~45.89%和25.02%~30.32%，Ci显著提高了95.63%~110.15%。

但在盐胁迫下，接种AMF显著提高了两品种花生植株功能叶片的Pn、Gs和Tr，与未接种植株相比分别提高了41.12%~53.33%、36.69%~54.67%和17.36%~33.96%。与此相反，叶片Ci与未接种植株相比显著降低了44.44%~45.03%。结果表明，接种AMF能够有效提高盐胁迫下花生植株主茎功能叶片的光合性能。

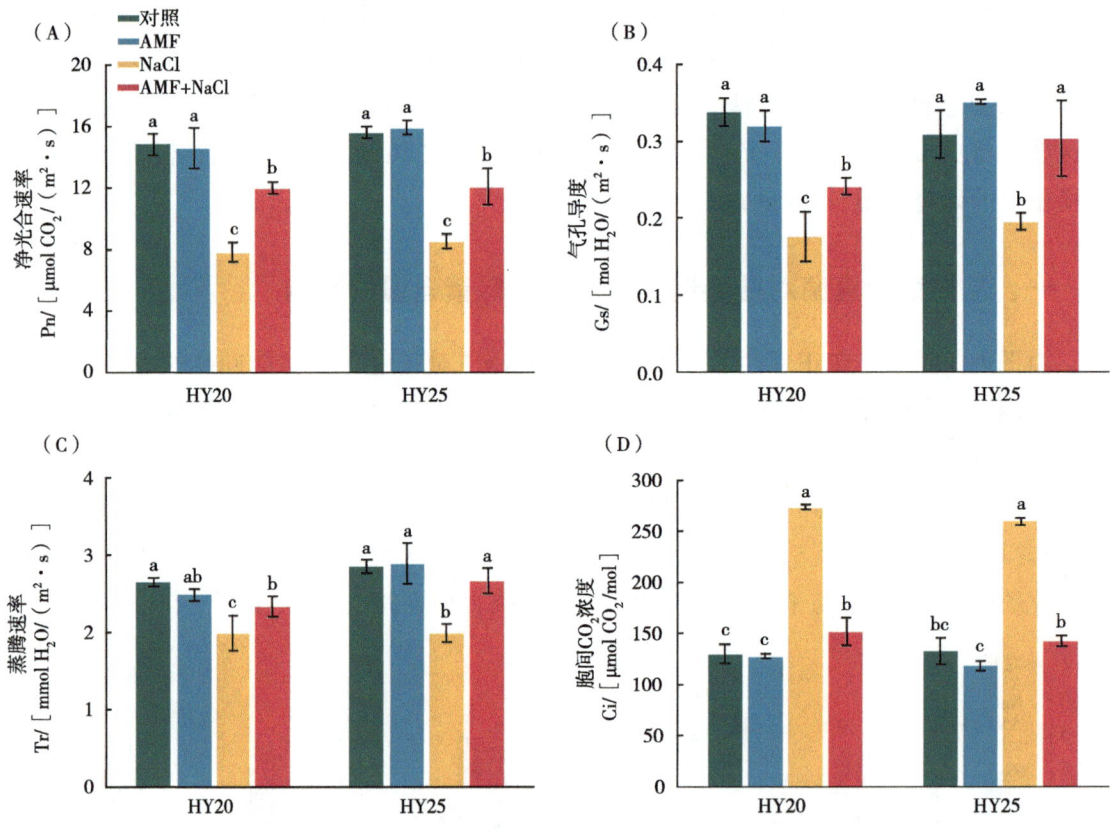

图4-2　AMF对花生植株主茎功能叶片气体交换参数的影响

三、丛枝菌根真菌对盐胁迫花生叶片叶绿素荧光参数的影响

在正常生长条件下，接种AMF对花生植株主茎功能叶片的暗条件下光系统Ⅱ最大光化学效率（Fv/Fm）无显著影响。在盐胁迫条件下，Fv/Fm显著降低。但与未接种植株相比，接种AMF提高了盐胁迫下花生植株叶片的Fv/Fm，两品种花生显著提高了11.71%~13.61%（图4-3A）。

盐胁迫还显著降低了主茎功能叶片的光系统Ⅱ实际光化学效率（ΦPSⅡ）（图

4-3B）和光化学淬灭系数（qP）（图4-3C），显著提高了非光化学淬灭系数（NPQ）（图4-3D）。而接种AMF显著提高了盐胁迫下叶片的ΦPSⅡ和qP，分别提高了79.81%~91.03%和15.38%~41.80%。但与此相反，接种AMF显著降低了盐胁迫下叶片的NPQ。以上结果表明，接种AMF能够有效缓解盐胁迫对花生叶片光合系统造成的损伤，有助于维持叶片光系统Ⅱ功能，增强盐胁迫下光合系统的稳定性。

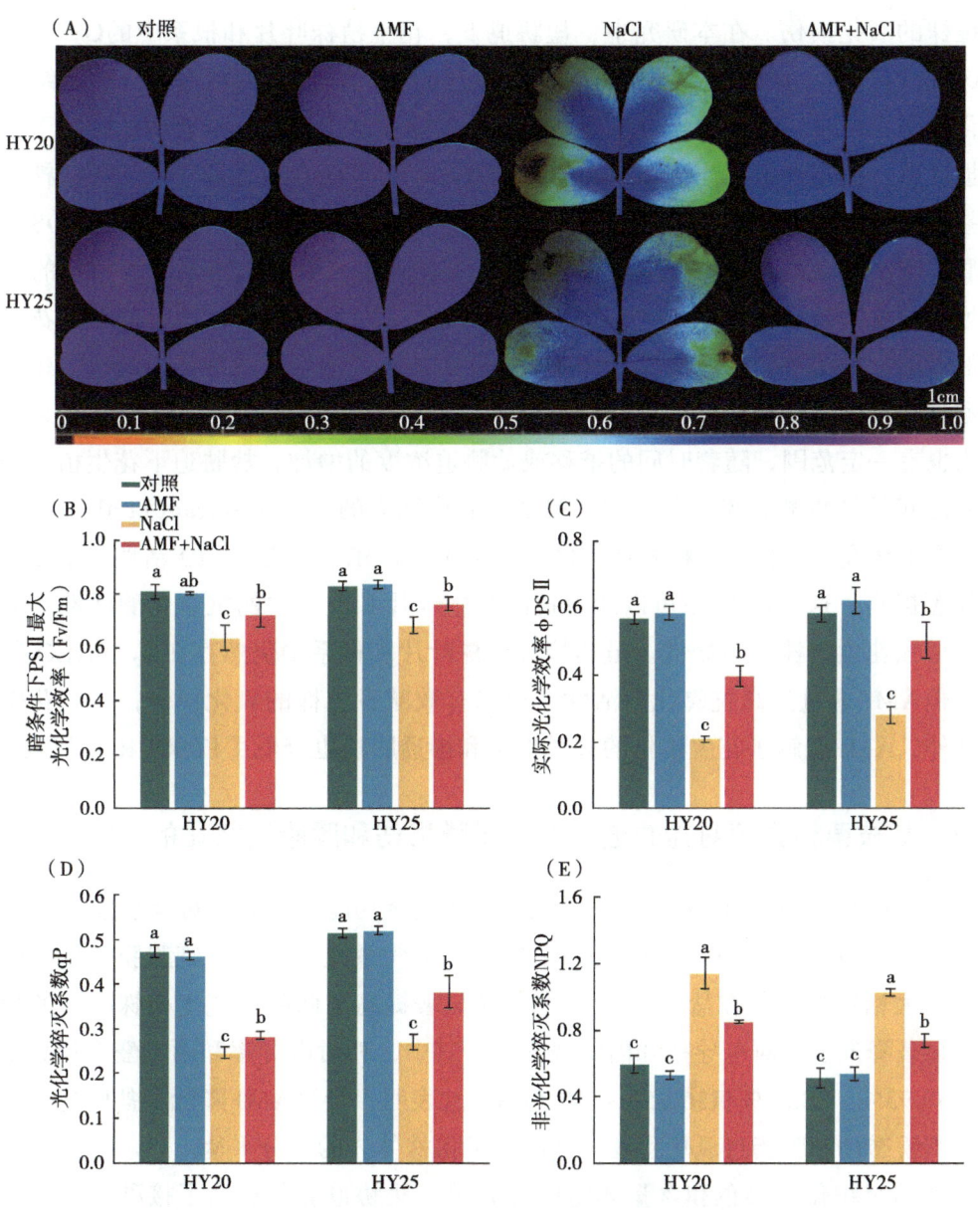

图4-3　AMF对花生植株主茎功能叶片叶绿素荧光参数的影响

第二节　丛枝菌根真菌对盐胁迫花生抗氧化特性的影响

在正常生长条件下，ROS是细胞代谢的正常产物，在细胞中起信号分子的作用。然而，盐胁迫破坏了植物细胞体内的ROS平衡，产生过量的ROS，阻碍正常的细胞功能，造成植株的氧化损伤。在本研究中，盐胁迫下，花生植株叶片和根系中的$O_2^{\cdot-}$、H_2O_2和MDA含量均升高。这表明，盐胁迫对花生植株的叶片和根系细胞内组分和膜结构造成了氧化损伤。同时，叶片的相对电导率升高，电解质渗出增多，也表明盐胁迫下植株叶片受损严重。但接种植株叶片和根系的$O_2^{\cdot-}$、H_2O_2和MDA含量均低于未接种植株。这表明，接种AMF减少了花生植株的氧化损伤和膜脂过氧化程度，维持了体内ROS平衡。在盐胁迫下，植物主要通过提高抗氧化酶活性来清除过量的ROS以缓解植株的氧化损伤，增强植株对环境的适应性（Li et al.，2017）。在本研究中，盐胁迫下，花生植株叶片的SOD、POD和CAT活性显著升高。这表明盐胁迫激活了花生体内的抗氧化防御系统，通过提高抗氧化酶的活性以适应盐胁迫（Chawla et al.，2013）。而抗氧化酶的适应能力也有一定范围，随着时间的推移或盐胁迫浓度的增加，盐胁迫下花生植株根系中各种酶之间的平衡被破坏，会导致了根系抗氧化能力的下降（Sairam et al.，2002）。然而，在本研究中，接种植株根系和叶片的SOD、POD、CAT和APX活性与未接种植株相比显著提高。这表明AMF可以通过提高花生叶片和根系中的抗氧化酶活性，清除活性氧，增强花生植株的耐盐性。虽然接种植株叶片和根系中仍然存在$O_2^{\cdot-}$和H_2O_2的积累情况，但AMF通过提高抗氧化酶活性，可以有效减少植株的氧化损伤，提高花生耐盐性。此外，AMF缓解了花生植株的离子毒害和渗透胁迫也降低了植株中ROS积累。

一、丛枝菌根真菌对盐胁迫下花生质膜损伤和膜脂过氧化的影响

由图4-4可知，在盐胁迫条件下，花生植株主茎功能叶片的相对含水量（RWC）显著降低，相对电导率（REC）和丙二醛（MDA）含量显著提高，细胞膜透性和膜脂过氧化程度大幅增加。但在盐胁迫下接种AMF显著提高了两品种花生植株叶片的相对含水量，显著降低了相对电导率和丙二醛含量。其中，相对电导率和丙二醛含量分别显著降低了30.93%~38.80%和36.65%~40.34%。这表明，接种AMF降低了盐胁迫下花生叶片的细胞膜透性和膜脂过氧化程度，并维持了植株体内的水分平衡。

叶片的组织化学染色和含量测定同时表明，盐胁迫显著提高了接种和未接种植株主茎功能叶片的过氧化氢（H_2O_2）含量和超氧阴离子（$O_2^{\cdot-}$）产生速率，造成了叶片中活性氧（ROS）的过量积累（图4-5）。但在盐胁迫下，与未接种植株相比，接种AMF

降低了两品种花生植株叶片中的ROS积累。其中，接种植株叶片中的H_2O_2含量和O_2^{-}产生速率分别显著降低了18.66%~24.42%和38.50%~49.38%。以上结果表明，接种AMF能够减少叶片中的ROS积累，有效缓解盐胁迫导致的花生叶片氧化损伤。

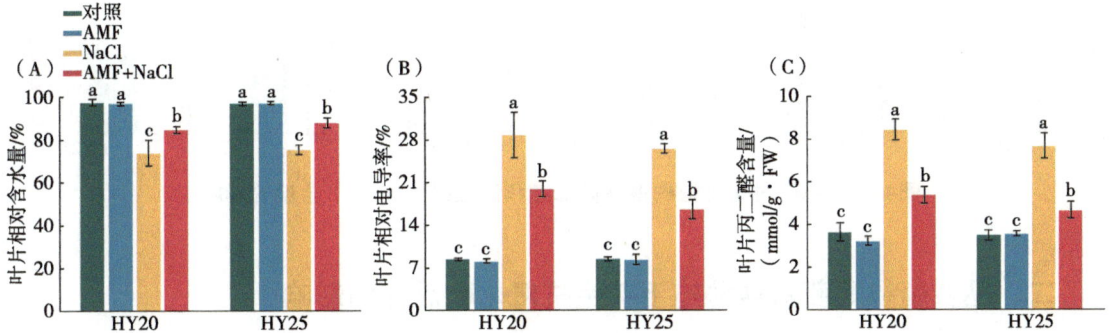

图4-4 AMF对花生植株主茎功能叶片相对含水量、相对电导率和丙二醛含量的影响

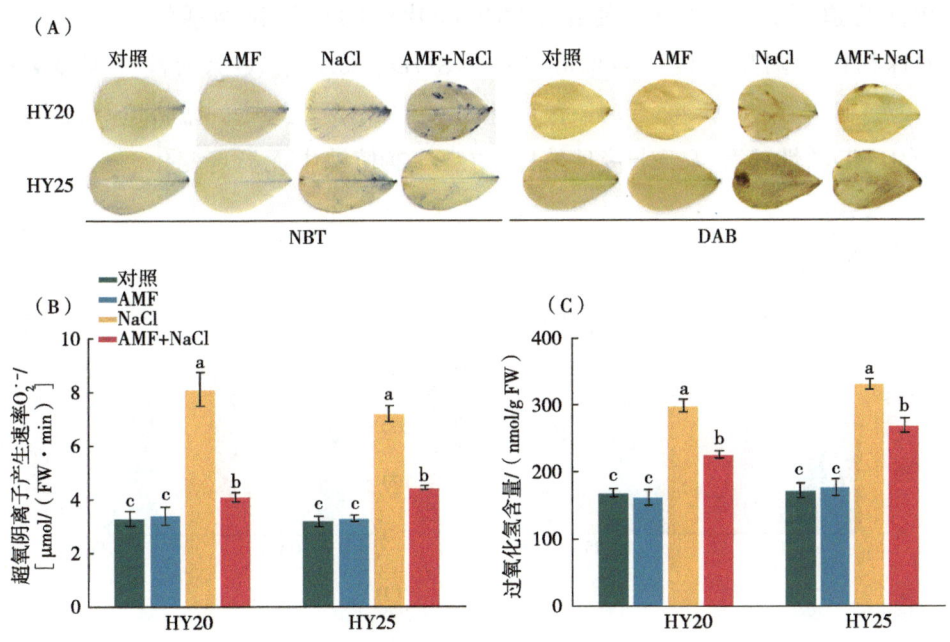

A—NBT和DAB染色；B—超氧阴离子产生速率；C—过氧化氢含量。

图4-5 AMF对花生植株主茎功能叶片活性氧（ROS）含量的影响

与叶片相同，盐胁迫也显著提高了花生植株根系中的MDA含量、H_2O_2含量和O_2^{-}产生速率，分别提高了110.73%~170.91%、64.91%~79.99%和120.04%~181.06%，造成了花生根系细胞的膜脂过氧化和氧化损伤（图4-6）。但与未接种植株相比，接种AMF植株根系的MDA含量、H_2O_2含量和O_2^{-}产生速率分别显著降低了19.14%~25.80%、13.95%~20.35%和24.62%~31.37%。以上结果表明，AMF还能够减少盐胁迫下花生植株根系中的ROS积累，缓解根系细胞的膜脂过氧化和氧化损伤。

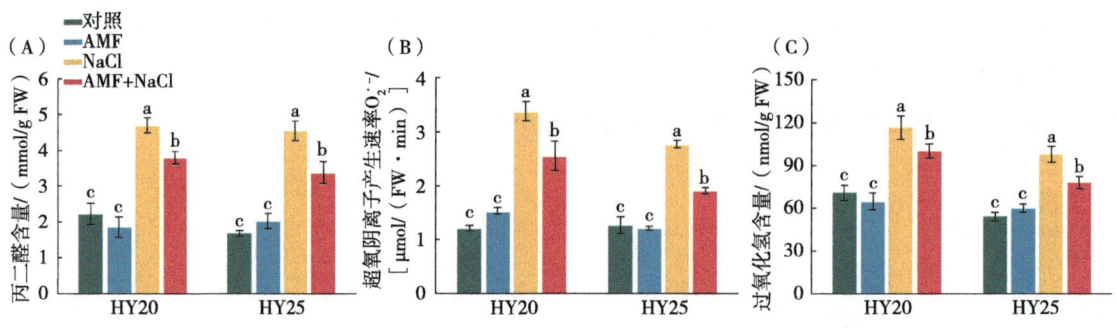

图4-6 AMF对花生植株根系丙二醛和活性氧（ROS）含量的影响

二、丛枝菌根真菌对盐胁迫下花生抗氧化酶活性的影响

如图4-7所示，盐胁迫显著提高了接种和未接种植株叶片中的SOD、CAT和POD活性。在盐胁迫下，接种AMF使花生功能叶片中的抗氧化酶活性进一步升高。与未接种植株相比，两品种接种植株叶片中的SOD、CAT和APX活性分别显著提高了20.91%～23.11%、12.87%～14.74%和11.72%～33.32%。此外，盐胁迫下仅有HY25接种植株中的POD活性显著高于未接种植株，在HY20植株中无显著变化。

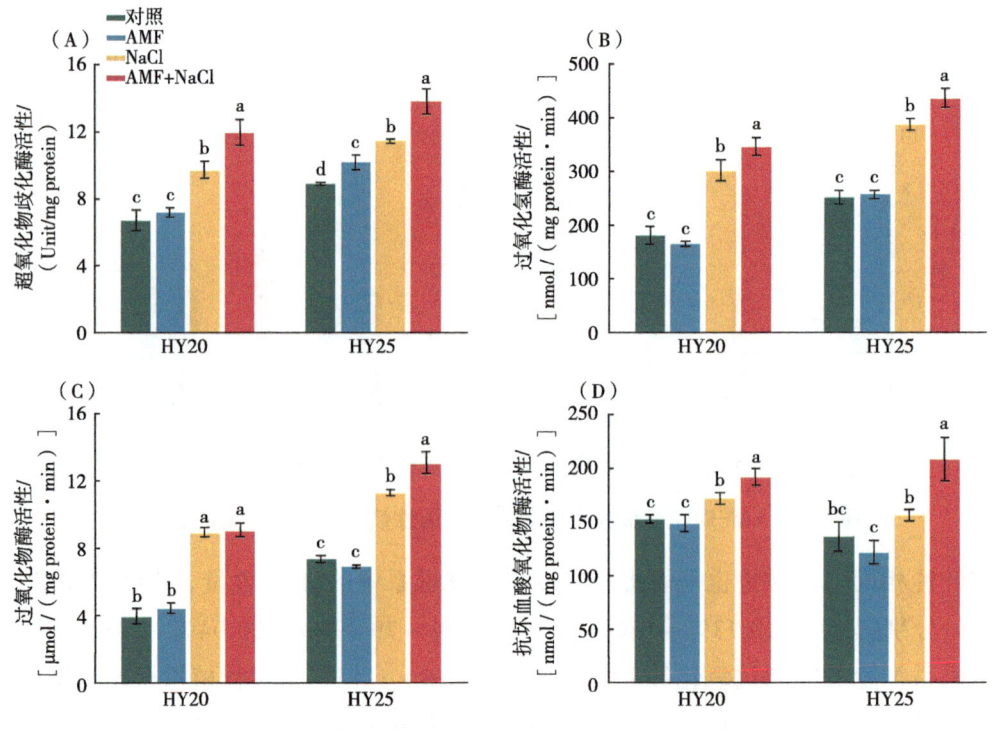

A—SOD活性；B—CAT活性；C—POD活性；D—APX活性。

图4-7 AMF对花生植株叶片抗氧化酶活性的影响

如图4-8所示，盐胁迫也提高了根系中的抗氧化酶活性。在盐胁迫条件下，两品种植株根系中的SOD、POD和APX活性显著提高。在盐胁迫条件下，除CAT活性无显著变化外，接种植株的抗氧化酶活性与未接种植株相比均显著提高。其中，根系SOD、POD和APX活性分别显著提高了17.58%～25.04%、24.72%～33.87%和9.76%～31.25%。以上结果表明，接种AMF显著提高了盐胁迫下花生叶片和根系抗氧化酶的活性来清除活性氧，增强了花生植株在盐胁迫下的抗氧化能力。

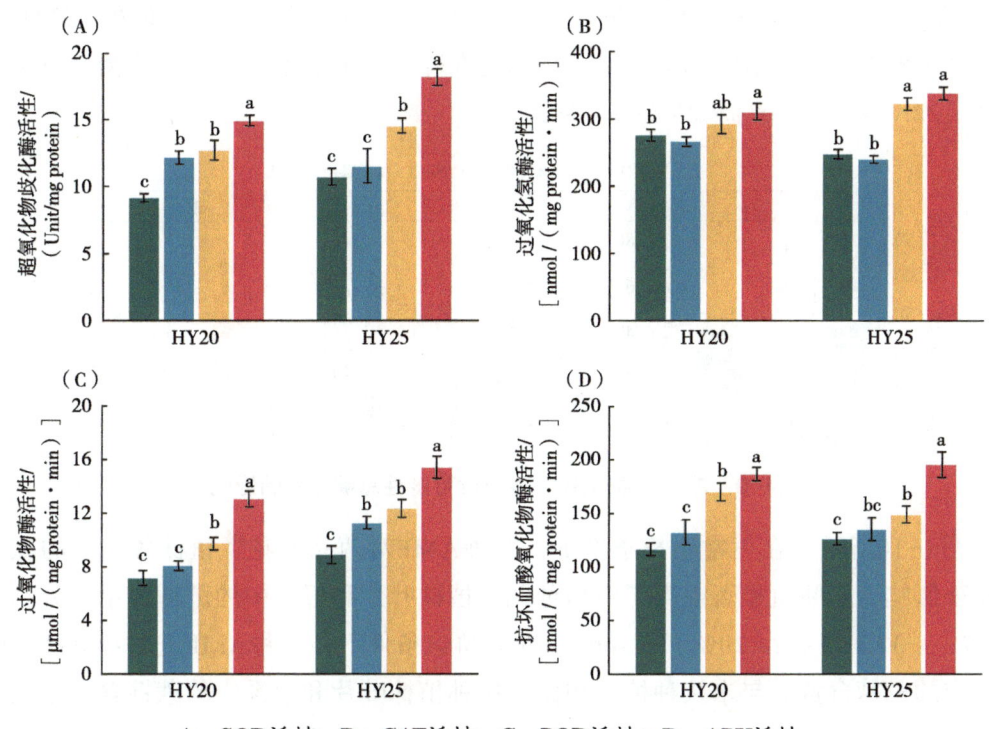

A—SOD活性；B—CAT活性；C—POD活性；D—APX活性。

图4-8 AMF对花生植株根系抗氧化酶活性的影响

第三节 丛枝菌根真菌对盐胁迫花生渗透调节系统的影响

盐胁迫下，由于渗透胁迫，植物对水分的吸收和利用受到抑制，严重抑制植物的生长发育。而为了维持正常的生长发育，植物会积累渗透调节物质，维持细胞渗透压，以保证水分的正常吸收利用（Flowers et al.，2008）。在本研究中，盐胁迫显著提高了花生植株叶片和根系中的可溶性总糖、蔗糖和游离氨基酸含量。而果糖在不同品种中的变化趋势各不相同。这表明可溶性总糖、蔗糖和游离氨基酸可能在花生渗透调节中起关键作用。而接种AMF提高了花生植株叶片和根系中的可溶性总糖、蔗糖、淀粉和游离氨基酸含量。这表明，AMF可以通过调节植株中可溶性总糖、蔗糖和游离氨基酸的合成和积累，降低细胞水势，来促进水分及养分的吸收（Pan et al.，2020）。同时，盐胁迫下接种植株叶片的相对含水量显著提高，这也表明，AMF可以通过渗透调节物质的积累维持植株体内的水分平衡，缓解盐胁迫造成的生理干旱。

如图4-9所示，在正常生长条件下，接种AMF对两品种花生植株各部位的可溶性总糖含量均无显著影响。盐胁迫显著提高了HY25叶片和根系的可溶性总糖含量，以及HY20茎部和根系的可溶性总糖含量。但在盐胁迫条件下，除HY20茎部外，接种AMF显著提高了各部位的可溶性总糖含量。特别是在叶片和根系中，可溶性总糖含量分别显著提高了22.91%~44.68%和25.83%~39.66%。

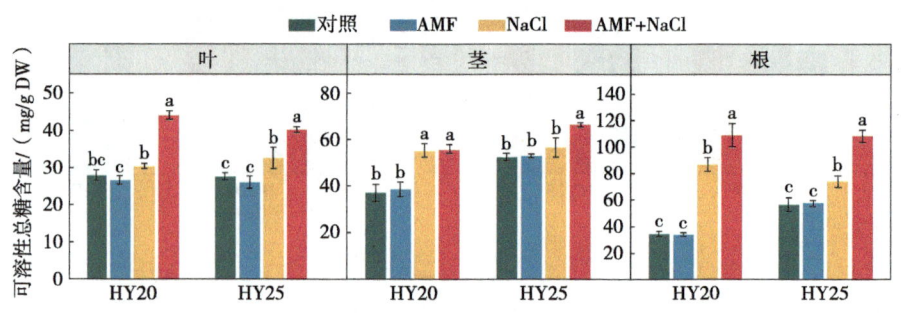

图4-9　AMF对花生植株各部位可溶性总糖含量的影响

如图4-10所示，在正常生长条件下，接种AMF对两品种花生植株各部位的蔗糖含量无显著影响。盐胁迫显著提高了两品种花生植株叶片和根系中的蔗糖含量，分别提高了25.77%~37.38%和24.20%~36.49%。在盐胁迫条件下，接种AMF进一步提高了叶片和根系中的蔗糖含量。与未接种植株相比，接种植株叶片和根系中的蔗糖含量分别显著提高了11.59%~13.07%和18.38%~24.20%。与叶片和根系不同，两品种花生植株茎部的蔗糖含量在各处理间变化不大。

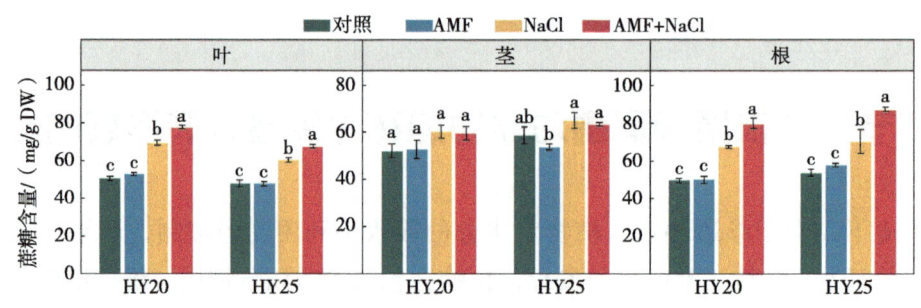

图4-10　AMF对花生植株各部位蔗糖含量的影响

如图4-11所示，除HY25根系中的果糖含量无显著变化外，盐胁迫显著降低了花生植株各部位的果糖含量。其中，HY20叶片和HY25茎部的果糖含量下降幅度最大，分别显著降低了47.27%和31.64%。在盐胁迫条件下，与未接种植株相比，接种AMF进一步降低了HY20叶片和茎部的果糖含量，分别显著降低了20.44%和10.60%。特别要注意的是，无论胁迫与否，接种AMF均显著提高了HY25根系中果糖含量，分别提高了11.83%和37.97%。

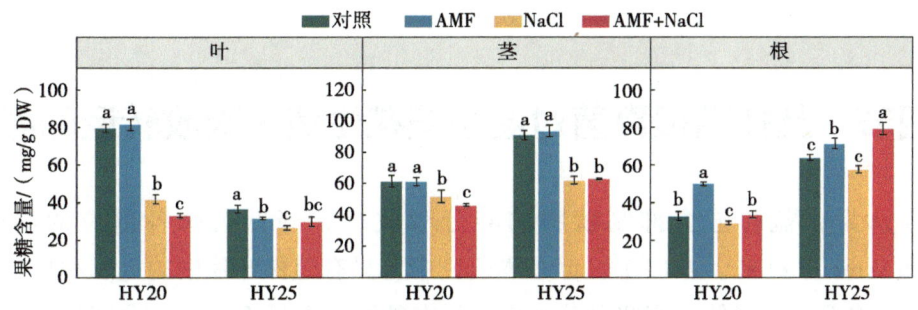

图4-11　AMF对花生植株各部位果糖含量的影响

如图4-12所示，在正常生长条件下，接种AMF对植株各部位的淀粉含量均无显著影响。在盐胁迫条件下，两品种根系和HY25叶片中的淀粉含量显著提高。而接种AMF进一步提高了盐胁迫下叶片和根系中的淀粉含量。其中，叶片和根系中的淀粉含量分别显著提高了12.68%~45.64%和14.20%~21.15%。

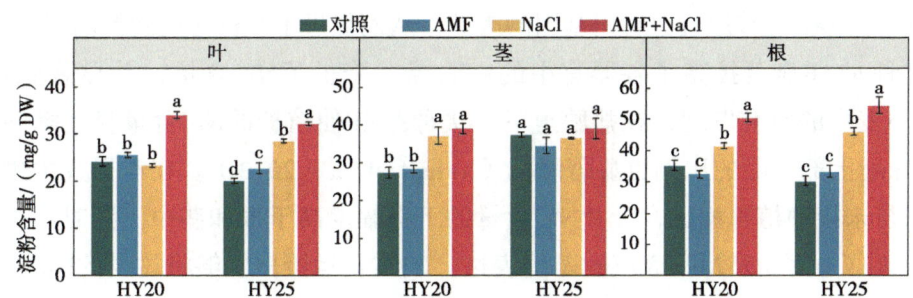

图4-12　AMF对花生植株各部位淀粉含量的影响

如图4-13所示，在正常生长条件下，接种AMF对植株各部位的游离氨基酸含量均无显著影响。而在盐胁迫条件下，接种和未接种植株各部位的游离氨基酸含量均显著

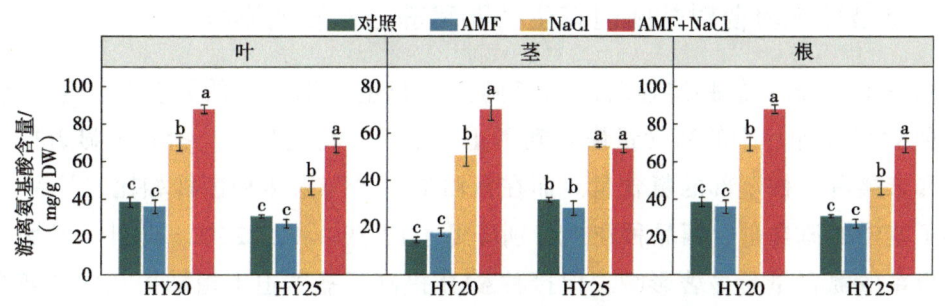

图4-13　AMF对花生植株各部位游离氨基酸含量的影响

提高。并且，在盐胁迫下，与未接种植株相比，接种AMF进一步提高了两品种花生叶片和根系中的游离氨基酸含量。其中，叶片和根系中游离氨基酸含量分别显著提高了26.64%~48.57%和26.64%~48.57%。由以上结果我们推测，AMF可以促进叶片和根系中可溶性总糖、蔗糖和游离氨基酸等渗透调节物质的合成来提高花生耐盐性。

第四节　丛枝菌根真菌对盐胁迫花生离子吸收转运的影响

通常认为，盐胁迫会抑制植物的养分吸收，并降低植株各部位的养分含量（Romero-Aranda et al.，2001）。但在本研究中，只有植株叶片中的氮磷和根茎中的钾含量在盐胁迫下显著降低，有些养分元素含量在盐胁迫下反而提高。尤其是根系中的磷含量及叶片中的钾含量，这与预期结果相反。此前研究中也发现，在盐胁迫下，玉米叶片中的钾含量显著升高，这可能与胁迫导致的生物量大幅度下降有关（Farooq et al.，2015）。在盐胁迫下，接种AMF促进了植株的生物量积累，这与AMF对植株养分吸收的促进作用有关（Chandrasekaran et al.，2014）。在本研究中，与未接种植株相比，接种植株根系中的氮磷钾含量均显著升高。这可能是由于接种AMF上调了根系中*NRT*、*AMT*、*PHT*、*HAK*等转运蛋白编码基因的表达，从而促进了植株对氮磷钾的吸收。

而接种AMF显著提高了各器官中的K^+含量，降低了Na^+含量，并显著提高了K^+/Na^+。对小麦中的研究发现，在盐胁迫下，接种AMF使植株的Na^+含量显著降低，同时Na^+向植株地上部分配的比例也显著降低（Talaat et al.，2013）。在本研究中也发现，接种植株与未接种植株相比，叶片Na^+含量的下降幅度高于根和茎中。同时还发现，接种AMF上调了根系*SOS1*和*HKT1*的基因表达。HKT转运蛋白能够将过量的Na^+转运到薄壁细胞中，降低地上部的Na^+含量（Zelm et al.，2020）。而SOS1转运蛋白也能参与Na^+从根部到地上部的长距离运输。这表明，接种AMF可能通过上调根系*SOS1*和*HKT1*等基因的表达，降低了花生叶片和根系中的Na^+积累，缓解了离子毒害。

一、丛枝菌根真菌对盐胁迫花生各器官养分含量的影响

如图4-14可知，盐胁迫显著降低了两品种花生植株叶片的氮含量。但在盐胁迫下，接种AMF使叶片中的氮含量恢复到了正常水平。与此相反，盐胁迫显著提高了接种植株和未接种植株茎部的氮含量。而在盐胁迫下，与未接种植株相比，接种AMF显著降低了茎中的氮含量，两品种花生分别降低了17.79%和22.25%。此外，盐胁迫对花生植株根系的氮含量无显著影响。但接种AMF提高了盐胁迫下植株根系中的氮含量，显著提高了16.97%~23.33%。

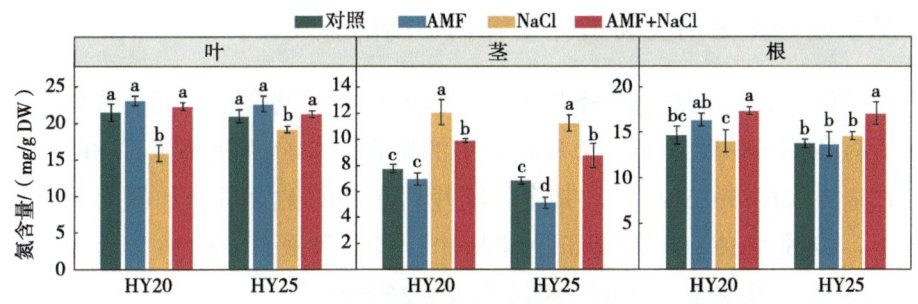

图4-14　AMF对花生植株各部位氮含量的影响

如图4-15可知，在正常生长条件下，除HY20的叶片外，接种AMF均显著提高了花生植株各部位的磷含量。盐胁迫显著降低了两品种植株叶片中的磷含量，显著提高了根系中的磷含量。而在盐胁迫条件下，接种AMF显著提高了HY20根系及HY25根茎叶的磷含量，分别提高了17.36%、18.69%、30.33%和7.06%。

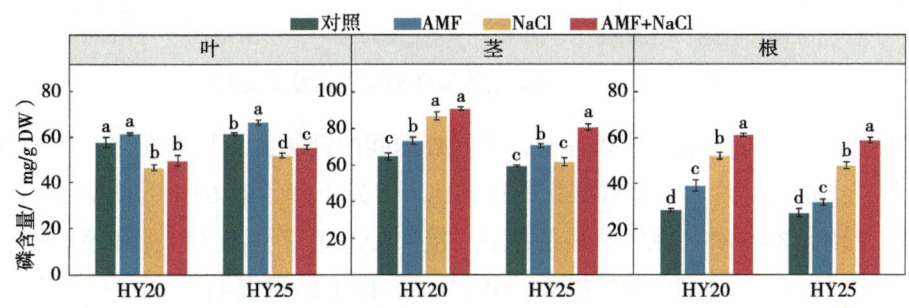

图4-15　AMF对花生植株各部位磷含量的影响

如图4-16可知，盐胁迫显著提高了两花生品种植株叶片中的钾含量，降低了茎部和根系中的钾含量。其中，叶片中的钾含量提高了9.76%~12.01%，茎部和根系中的钾含量分别降低了19.70%~36.88%和34.59%~41.31%。而在盐胁迫条件下，接种AMF显著提高了叶片、茎部和根系中的钾含量，分别提高了6.90%~9.08%、33.54%~35.45%和31.41%~35.45%。以上结果表明，AMF促进了植株根系在盐胁迫下的养分吸收和转运，改善了植株盐胁迫下的养分失衡。

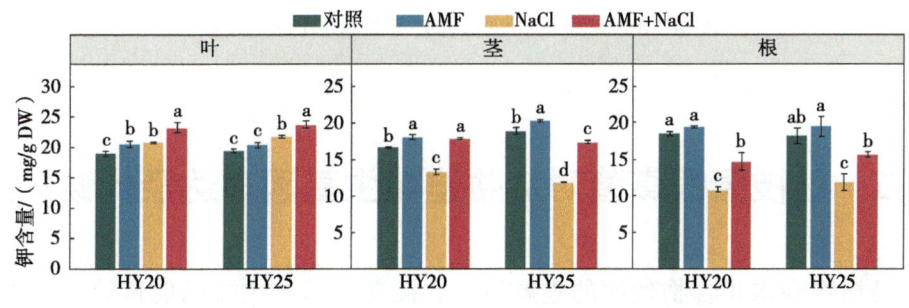

图4-16　AMF对花生植株各部位钾含量的影响

二、丛枝菌根真菌对盐胁迫花生钾钠平衡的影响

如图4-17所示，在正常生长条件下，不同处理间的钠含量均无显著变化。盐胁迫显著提高了两品种植株叶片、茎部和根系中的钠含量，分别提高了12.36~15.88倍、25.74~25.78倍和1.66~3.21倍。其中，叶片和茎部的钠含量增加幅度最大。而在盐胁迫条件下，接种AMF显著降低了植株叶片、茎部和根系中的钠含量，分别下降了42.03%~33.94%、10.04%~13.58%和24.17%~26.50%。

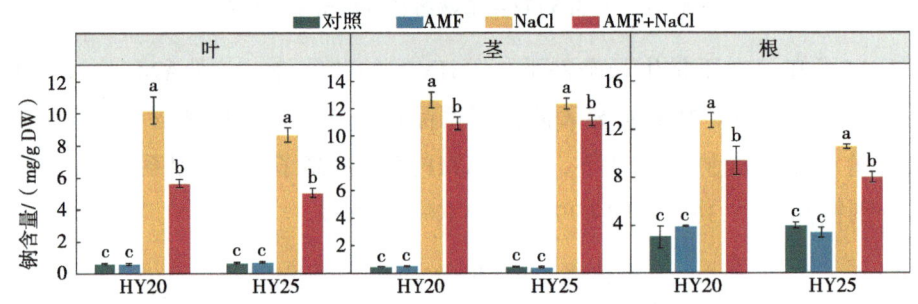

图4-17　AMF对花生植株各部位钠含量的影响

如图4-18所示，在正常生长条件下，不同处理间的钾钠比无显著变化。盐胁迫显著降低了两品种花生植株叶片、茎部和根系的钾钠比，分别下降了91.63%~93.49%、96.99%~97.65%和76.23%~84.93%。在盐胁迫条件下，接种AMF显著提高了叶片和根系的钾钠比，分别提高了88.11%~93.13%和87.77%~107.58%。以上结果表明，AMF可以促进盐胁迫下花生对钾的吸收和转运，减少钠的吸收和向地上部的转运，维持花生植株的离子平衡。

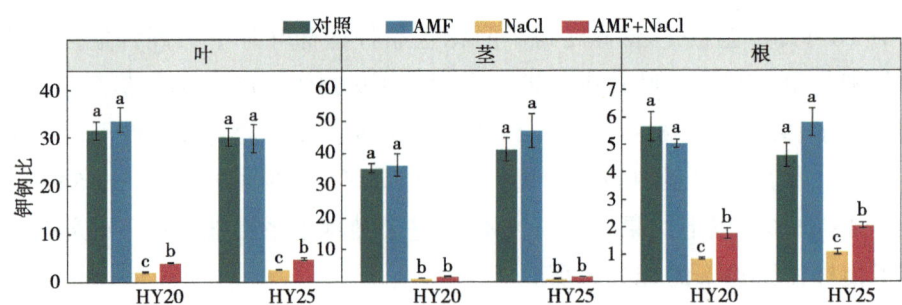

图4-18　AMF对花生植株各部位钾钠比的影响

第五节　丛枝菌根真菌对盐胁迫花生基因表达及代谢的影响

蔗糖是植物碳水化合物代谢的重要枢纽，淀粉是植物主要的能量储存物质，植物通过不同类型的碳水化合物相互转化来满足正常生长发育和对逆境的适应（Ruan，

2014）。前人研究表明，植物可以通过调控蔗糖和淀粉代谢来抵御盐胁迫的危害（Saddhe et al.，2021）。在本研究中，接种植株根系的蔗糖、海藻糖、麦芽糖和淀粉等碳水化合物含量显著提高。同时，AMF也诱导了大量蔗糖、海藻糖和淀粉合成相关基因表达的变化。研究表明，蔗糖合成酶可以催化蔗糖分解为果糖和葡萄糖，其编码基因也可以调节植株中的可溶性总糖含量（Hao et al.，2021）。在本研究中，接种AMF调控了根系蔗糖合成酶基因的表达，为细胞壁的合成提供底物并参与淀粉合成。同时，接种AMF上调了β-葡萄糖苷酶等相关基因的表达量，促进了葡萄糖的积累。而在接种植株中也发现了盐胁迫下根系可溶性总糖含量的提高。此外，β-淀粉酶、α-葡萄糖苷酶和4-α-糖基转移酶基因也在接种植株根系中大量上调，这也可能导致根系中可溶性总糖含量的提高。

在淀粉合成过程中的淀粉合酶（glgA）、葡萄糖-1-磷酸腺苷酸转移酶（glgC）、1,4-α-葡聚糖分支酶（glgB）及颗粒结合型淀粉合成酶（WAXY）基因的表达在接种植株中也显著上调，而葡萄糖-1-磷酸含量显著下降。这可能是由于glgA、glgC和WAXY促进了淀粉的合成，消耗了根系中的葡萄糖-1-磷酸。在本研究中，接种AMF还调控了 *TPS*和*otsB*等海藻糖合成相关基因的表达，从而提高了根系中的海藻糖含量。有研究表明，海藻糖在盐胁迫条件下会大量积累以稳定细胞结构和维持酶的活性，从而提高植株耐盐性（Momoh et al.，2002）。这与本试验研究结果相同。因此，在盐胁迫下AMF通过调控碳代谢相关基因的表达，促进糖类物质的合成，维持细胞的渗透平衡。

氮代谢是作物在生长发育过程中最关键的代谢途径之一，对于盐胁迫十分敏感。在盐胁迫条件下，作物对氮的吸收、同化和利用都会受到严重抑制（Ahanger et al.，2017）。大量研究发现，盐胁迫会降低豆科作物中的NR、GDH、GS和GOGAT的活性（Farhangi-Abriz et al.，2018）。特别是改变植株中的NH_4^+同化过程，抑制GS/GOGAT途径，并促进GDH途径（Wang et al.，2012）。而AMF可以通过改善作物体内的氮代谢来促进盐胁迫下的植株生长。在本研究中，接种植株根系中的硝酸盐转运蛋白（NRT）和铵转运蛋白（AMT）编码基因表达量上调，可能促进了根系的氮吸收，从而提高了接种植株各部位的氮含量。

此外，在盐胁迫下，接种植株根系中的硝酸还原酶（NR）、谷氨酰胺合成酶（GS）和谷氨酸合成酶（GOGAT）等基因表达上调，同时代谢组结果也表明根系中的谷氨酸含量显著提高。此外，根系中的谷氨酸脱氢酶（GDH）基因表达下调。但通常认为，GS/GOGAT途径是NH_4^+同化的主要途径，GDH对NH_4^+同化的影响只在特殊环境条件下起主导作用（Shao et al.，2015）。这表明接种AMF促进了植株氮同化过程，并通过游离氨基酸的合成进一步缓解盐胁迫对花生植株造成的渗透胁迫。

与碳氮代谢相反，植物会通过促进次生代谢合成和积累酚酸、类黄酮和香豆素等次生代谢物以抵御盐胁迫（Gengmao et al., 2015）。这些次生代谢物是植株抗氧化系统的重要组成部分，其主要合成途径包括苯丙烷类和类黄酮生物合成途径（Amensour et al., 2010）。在本研究中，盐胁迫下AMF诱导的差异表达基因在苯丙烷类和类黄酮生物合成途径中富集。*PAL*和*4CL*是连接初生和次生代谢的关键基因，其编码的酶能够催化苯丙氨酸转化为苯丙烷类生物合成途径中的次生代谢物（Wang et al., 2021）。在本研究中，AMF调控了盐胁迫下接种植株根系中*PAL*和*4CL*基因的表达。同时，AMF还显著提高了盐胁迫下根系中苯丙烷类生物合成的前体物质苯丙氨酸和酪氨酸含量，并通过上调*CYP98A*基因表达提高了中间产物咖啡酸含量。这都为木质素和类黄酮等次生代谢下游不同分支提供了前体。

COMT、*CCoAOMT*、*UGT72E*、*CAD*和*POD*是木质素合成分支中的关键基因。在本研究中，AMF调控了这些基因的表达，这可能促进了花生根系中木质素的合成，通过增强细胞壁强度减少细胞的盐胁迫损伤（Cabané et al., 2012）。*HCT*位于对香豆酰辅酶A的下游，是类黄酮和木质素生物合成途径的分支点，其表达量增加会促进类黄酮的生物合成（Kriegshauser et al., 2021）。*CHS*是类黄酮生物合成途径中的第一个关键基因，大量研究认为*CHS*基因表达水平的变化也会影响类黄酮的积累。在本研究中，接种植株根系中大量*CYP73A*、*CYP98A*、*CHS*和*HCT*基因表达水平上调。这可能促进了类黄酮的合成来清除活性氧，减轻接种植株的氧化损伤（Agati et al., 2012）。

一、根系转录组分析

（一）转录组测序结果分析

利用RNA-seq技术对盐胁迫下花生幼苗12个根系样本进行转录组分析，共获得73.32 Gb Clean Data，各样本Clean Data达到5.84 Gb以上。Q20和Q30碱基百分数分别超过97.01%和92.23%，GC含量分布在43.74%~45.48%（表4-1）。结果表明测序质量较好，可以进行下一分析。

表4-1 不同处理下花生根系转录组测序数据统计

样本	原始测序序列	过滤序列	碱基错误率/%	Q20/%	Q30/%	GC含量/%
对照1	47387696	46646564	0.03	97.22	92.23	44.81
对照2	47409862	46482288	0.03	97.71	93.32	44.55
对照3	49527924	48895056	0.03	97.15	92.23	44.51
AMF1	43312920	42383892	0.03	97.28	93.56	44.74

（续表）

样本	原始测序序列	过滤序列	碱基错误率/%	Q20/%	Q30/%	GC含量/%
AMF2	48216242	47480744	0.03	97.17	92.35	45.48
AMF3	48461392	47618018	0.03	97.39	92.75	44.93
NaCl1	44156872	43405684	0.03	97.05	92.96	44.38
NaCl2	47599892	46084450	0.03	97.69	93.34	43.74
NaCl3	48751814	48158286	0.03	97.01	92.89	44.48
AMF+NaCl1	49287370	48389580	0.03	97.94	92.83	44.83
AMF+NaCl2	46292242	45502250	0.03	97.31	92.54	44.82
AMF+NaCl3	46292628	45401766	0.03	97.17	92.30	45.05

如表4-2所示，将各根系样本的Clean reads与花生参考基因组进行序列比对，各样本的比对效率在85.45%~94.95%，进一步比对到参考基因组唯一位置的reads占比在72.18%~80.36%。结果表明对比结果可靠，可以用于后续研究。

表4-2 转录组测序数据与参考基因组的比较效率

样品	过滤序列	总比对	多方比对	唯一比对
对照1	46646564	43115419（92.43%）	612935（13.14%）	42502484（79.29%）
对照2	46482288	39719115（85.45%）	6168200（13.27%）	33550915（72.18%）
对照3	48895056	45066573（92.17%）	6473705（13.24%）	38592868（78.93%）
AMF1	42383892	36471339（86.05%）	5590435（13.19%）	30880904（72.86%）
AMF2	47480744	45082966（94.95%）	6927441（14.59%）	38155525（80.36%）
AMF3	47618018	43613343（91.59%）	6337958（13.31%）	37275385（78.28%）
NaCl1	43405684	39746585（91.57%）	5651420（13.02%）	34095165（78.55%）
NaCl2	46084450	41236366（89.48%）	6106190（13.25%）	35130176（76.23%）
NaCl3	48158286	44267096（91.92%）	6486921（13.47%）	37780175（78.45%）
AMF+NaCl1	48389580	44692616（92.36%）	6484204（13.40%）	38208412（78.96%）
AMF+NaCl2	45502250	41843869（91.96%）	6024498（12.24%）	35819371（79.72%）
AMF+NaCl3	45401766	41828647（92.13%）	5684301（12.52%）	36144346（79.61%）

如图4-19所示，对各样本间的转录组数据进行主成分（PCA）分析，其中主成分1（PC1）解释了36.9%的变量，主成分2（PC2）解释了17.5%的变量。各处理样本间距离较近，相关性强，重复性较好，而各处理间则被明显分离。结果表明，AMF和盐胁迫均造成了花生根系转录水平上的显著差异，转录组数据具有良好稳定性和可靠性。

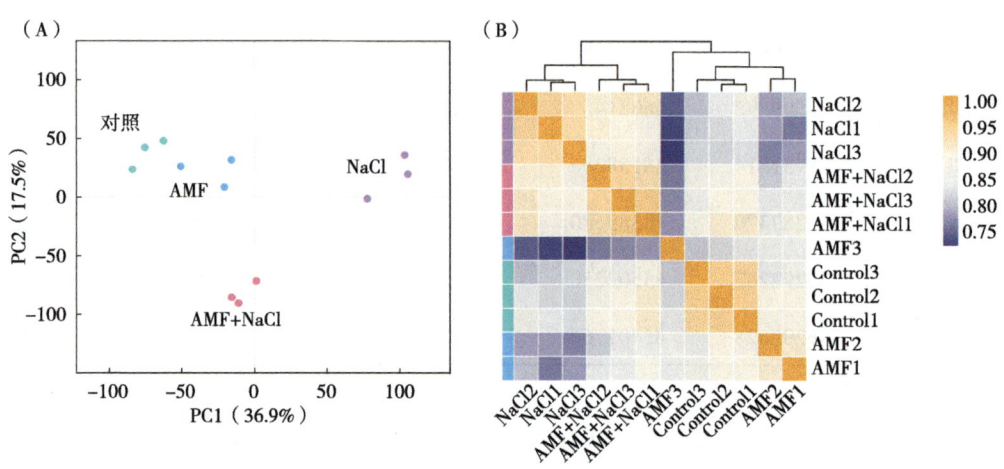

图4-19　花生根系转录组的主成分（PCA）分析和相关性热图

同时为了验证RNA-seq结果的可靠性，我们选取了6个基因进行qPCR验证（图4-20），qPCR结果与转录组测序结果趋势一致，也证明了转录组测序结果可靠。

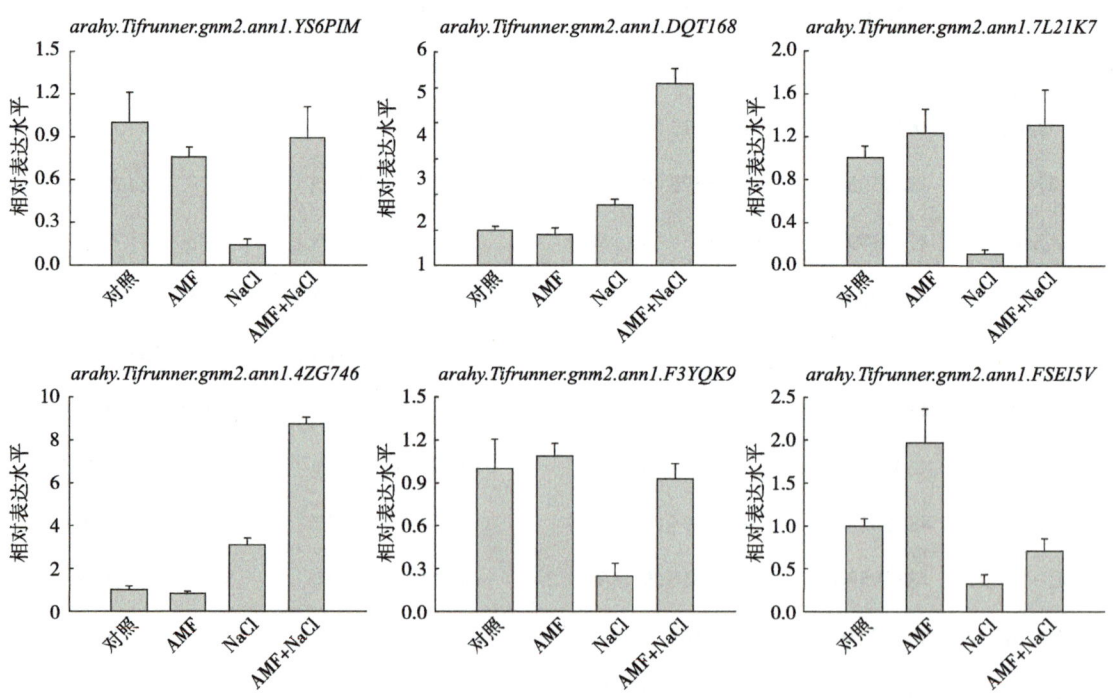

图4-20　差异表达基因的qPCR验证

（二）不同处理间的差异表达基因分析

首先，我们以|Log$_2$FC|>1和padj<0.05作为筛选标准，筛选出各比较间的差异表达基因（DEGs）。在正常生长（AMF vs 对照）条件下，AMF诱导了根系1 684个基因表达上调和1 577个基因表达下调；在盐胁迫（AMF+NaCl vs NaCl）条件下，AMF诱导了根系2 827个基因表达上调和1 911个表达下调（图4-21）。

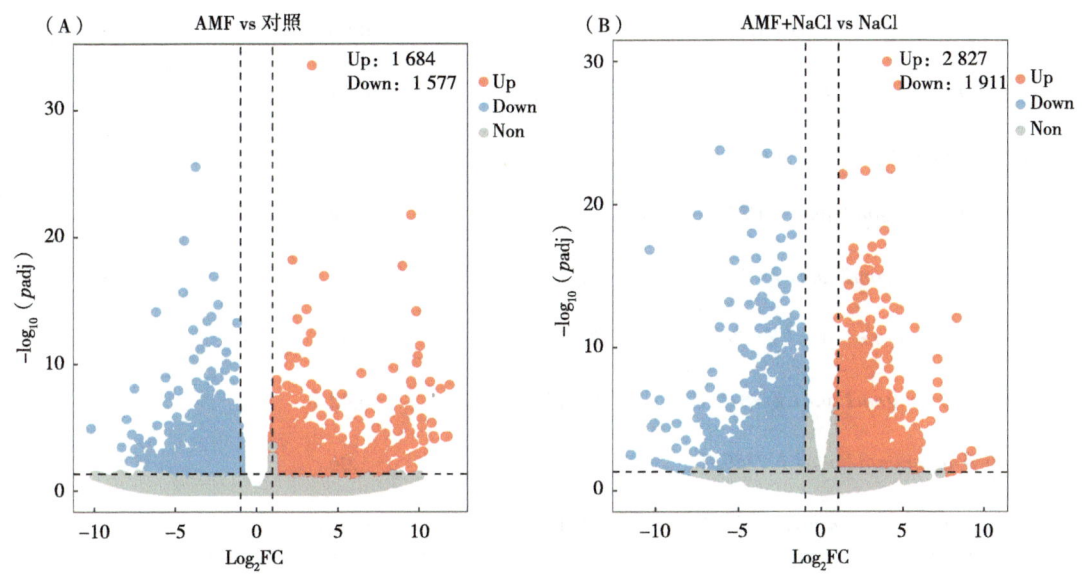

图4-21 不同处理间差异表达基因的火山图

注：A：AMF vs 对照；B：AMF+NaCl vs NaCl。

在这些差异表达基因中，我们对根系转运蛋白相关基因进行分析（表4-3）。其中，有3个 *NHX7/SOS1* 基因表达上调，促进了根系细胞中Na$^+$的外排；有2个 *HKT1* 基因（*arahy.Tifrunner.gnm2.ann1.FSEI5V*和*arahy.Tifrunner.gnm2.ann1.1U5WXB*）表达上调，能够促进叶片细胞中Na$^+$排出，从而降低叶片的离子毒害。此外，AMF还上调了根系中 *HAK5*、*PHT1* 和 *PHT4* 基因的表达，促进了盐胁迫下花生根系对磷钾等营养元素的吸收。

表4-3 转运蛋白相关的差异表达基因分析

基因ID	注释	Log$_2$（AMF/对照）	Log$_2$（AMF+NaCl/NaCl）
arahy.Tifrunner.gnm2.ann1.DQT168	NHX7/SOS1	-0.74	1.29
arahy.Tifrunner.gnm2.ann1.4ZG746	NHX7/SOS1	0.18	1.62
arahy.Tifrunner.gnm2.ann1.GST19D	NHX7/SOS1	-0.49	1.05

（续表）

基因ID	注释	Log_2（AMF/对照）	Log_2（AMF+NaCl/NaCl）
arahy.Tifrunner.gnm2.ann1.FSEI5V	HKT1	0.37	1.14
arahy.Tifrunner.gnm2.ann1.1U5WXB	HKT1	0.13	1.98
arahy.Tifrunner.gnm2.ann1.0M60B9	HAK5	−0.58	1.74
arahy.Tifrunner.gnm2.ann1.56TK9W	HAK5	−0.31	3.44
arahy.Tifrunner.gnm2.ann1.V4JBDW	HAK5	−0.75	3.75
arahy.Tifrunner.gnm2.ann1.9VF770	HAK5	−0.09	1.37
arahy.Tifrunner.gnm2.ann1.XVG555	PHT1；7	0.29	2.03
arahy.Tifrunner.gnm2.ann1.TSY9FT	PHT1；9	0.07	1.24
arahy.Tifrunner.gnm2.ann1.ZG8JDM	PHT1；9	−0.42	1.61
arahy.Tifrunner.gnm2.ann1.H0MPRU	PHT4；4	−1.06	1.53
arahy.Tifrunner.gnm2.ann1.NT6TUG	PHT4；4	0.31	1.59

（三）差异表达基因的GO功能分析

为了进一探究这些差异表达基因的生物学功能注释，我们对所有差异表达基因进行GO功能分析并筛选了富集最显著的20个GO term（图4-22）。结果表明，在正常生长条件下（AMF vs 对照），AMF诱导的差异基因主要参与抗氧化反应（GO:0006979）、应激反应（GO:0006950）、多糖代谢过程（GO:0005976）、细胞葡聚糖代谢过程（GO:0006073）和碳水化合物代谢过程（GO:0005975）等生物学过程；在分子功能上，主要参与了过氧化物酶活性（GO:0004601）、氧化还原酶活性（GO:0016209）、抗氧化酶活性（GO:0016491）、水解酶活性（GO:0004553）和催化活性（GO:0003824）等。

如图4-23所示，在盐胁迫条件下，AMF诱导的差异基因（AMF+NaCl vs NaCl）主要参与碳水化合物代谢过程（GO:0005975）、氧化还原过程（GO:0055114）、细胞碳水化合物代谢过程（GO:0044262）、海藻糖生物合成过程（GO:0005992）和碳水化合物生物合成过程（GO:0016051）等生物学过程；在分子功能上，主要参与了催化活性（GO:0003824）、氧化还原酶活性（GO:0016491）、血红素结合（GO:0020037）、四吡咯结合（GO:0046906）和水解酶活性（GO:0004553）等。

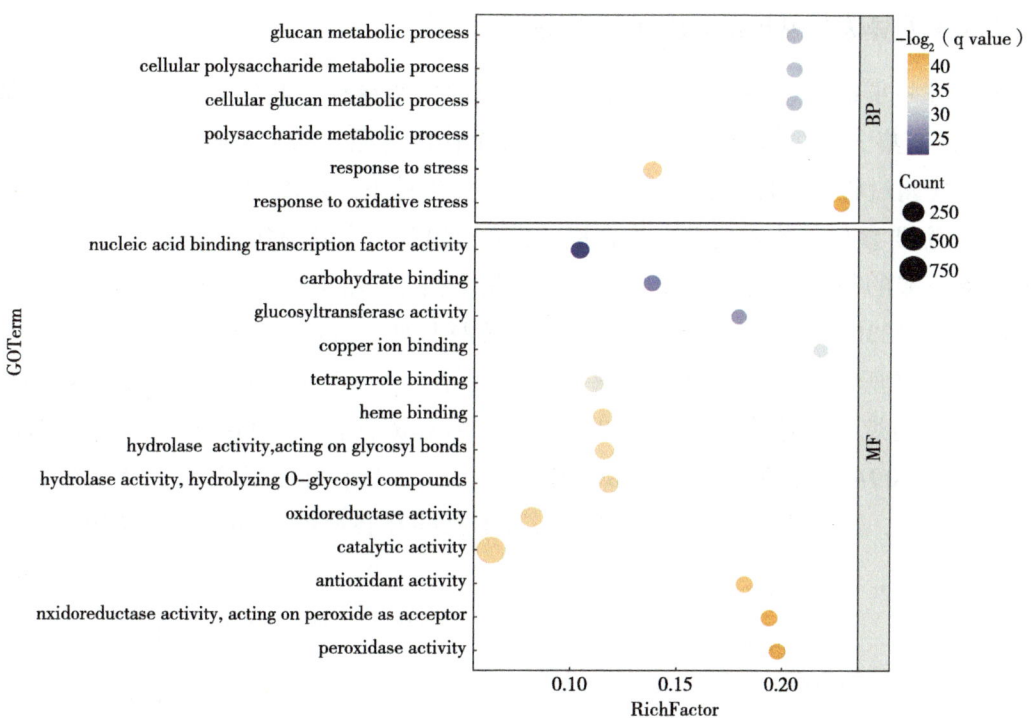

图4-22 AMF vs 对照差异表达基因的GO功能分析

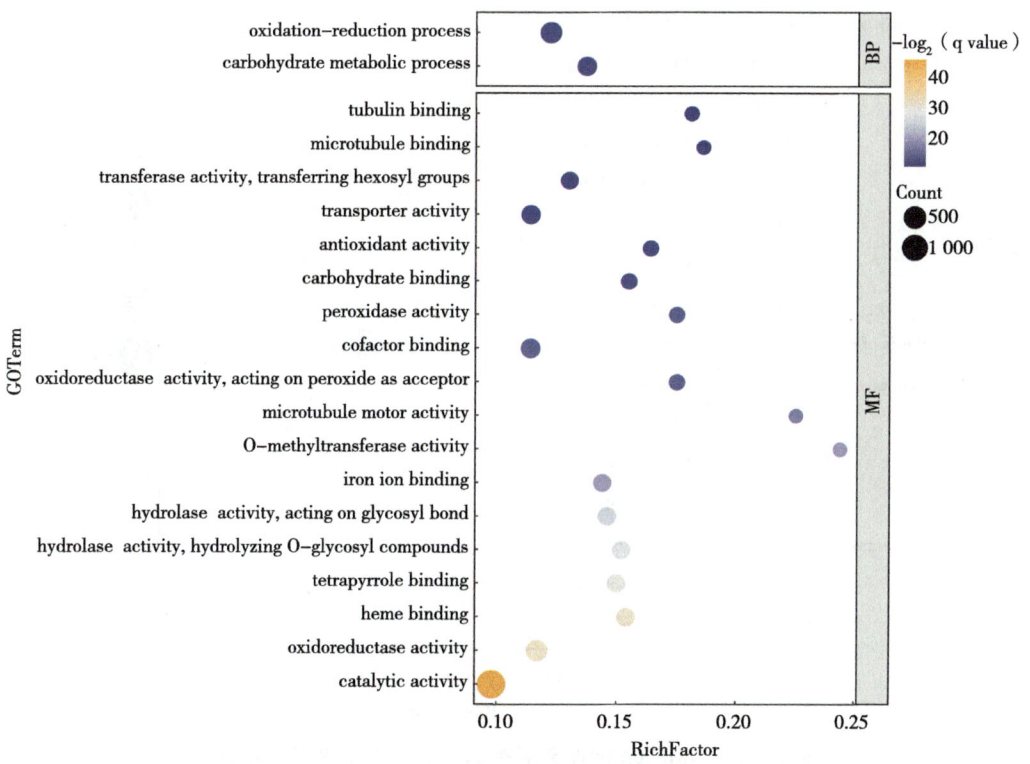

图4-23 AMF+NaCl vs NaCl差异表达基因的GO功能分析

（四）差异表达基因的KEGG通路分析

为了进一步探究这些差异表达基因所参与的代谢途径，我们对所有差异表达基因进行KEGG富集分析并筛选了富集最显著的20个代谢途径。结果表明，AMF可以影响花生根系的代谢过程。如图4-24所示，在正常生长条件下，AMF诱导的差异基因（AMF vs 对照）主要参与了苯丙烷类生物合成（ko00940）、半乳糖代谢（ko00052）、戊糖和葡萄糖醛酸的相互转化（ko00040）、氰基氨基酸代谢（ko00460）、精氨酸和脯氨酸代谢（ko00330）及丙氨酸、天冬氨酸和谷氨酸代谢（ko00250）等代谢途径。

如图4-25所示，在盐胁迫条件下，AMF诱导的差异基因（AMF+NaCl vs NaCl）主要参与苯丙烷类生物合成（ko00940），淀粉和蔗糖代谢（ko00500），类黄酮生物合成（ko00941），氮代谢（ko00910），托烷、哌啶和吡啶类生物碱的生物合成（ko00960），以及天冬氨酸和丙氨酸、天冬氨酸和谷氨酸代谢（ko00250）等代谢途径。

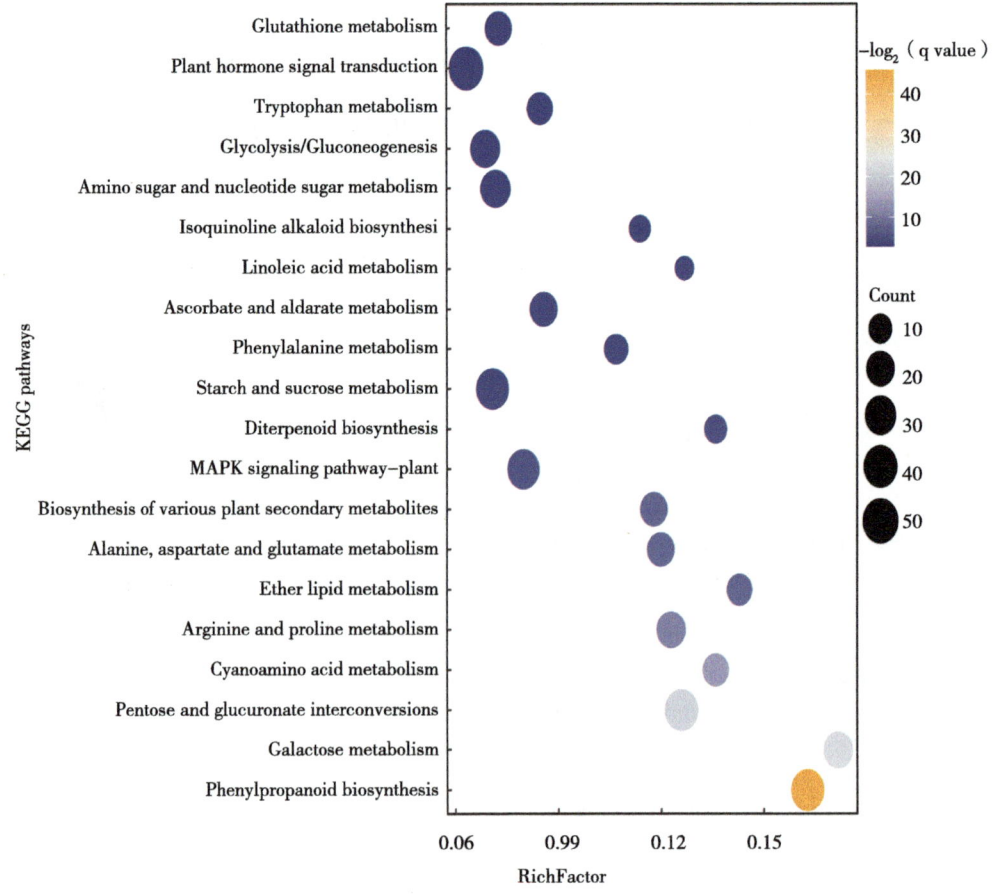

图4-24 AMF vs 对照差异表达基因的KEGG富集分析

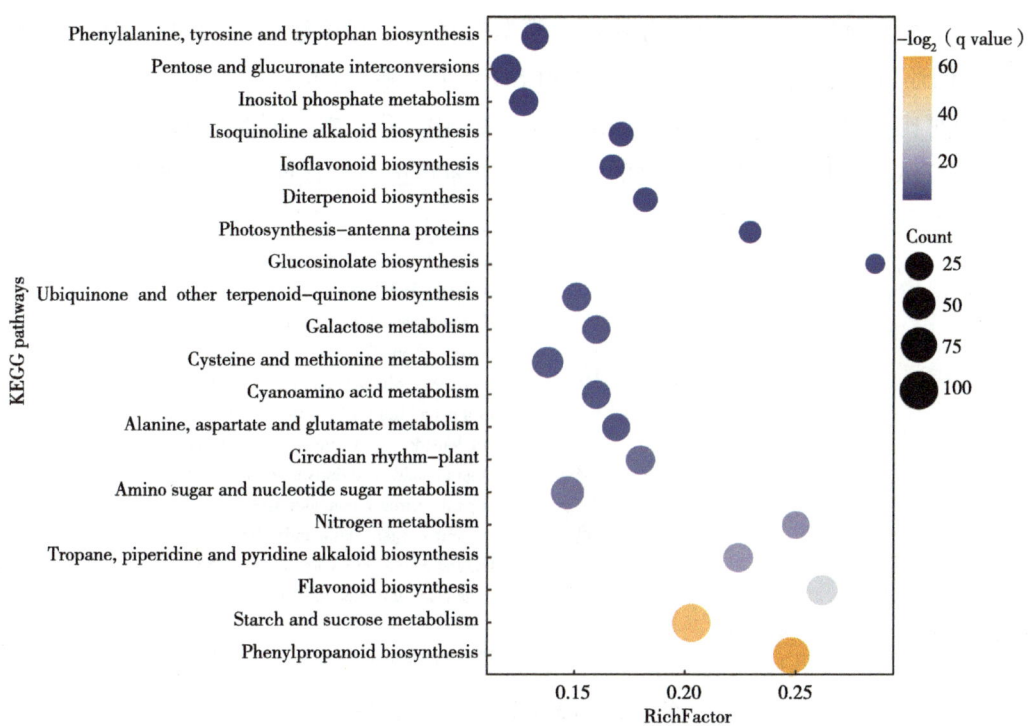

图4-25　AMF+NaCl vs NaCl差异表达基因的KEGG富集分析

二、根系代谢组分析

（一）多元统计分析

为多方面解析AMF缓解花生盐胁迫的根系代谢机制，我们还对花生根系进行了代谢组分析。在花生根系中一共鉴定到了534种代谢物，主要被分为14类，包括183种脂质和类脂分子（Lipids and lipid-like molecules）、76种有机酸及其衍生物（Organic acids and derivatives）、74种有机杂环化合物（Organoheterocyclic compounds）、57种有机氧化合物（Organic oxygen compounds）、48种苯丙烷类和聚酮类（Phenylpropanoids and polyketides）、44种苯环化合物（Benzenoids）、19种有机氮化合物（Organic nitrogen compounds）、10种核苷酸及其类似物（Nucleosides, nucleotides and analogues）、3种生物碱及其衍生物（Alkaloids and derivatives）、3种木脂素与新木脂素及相关化合物（Lignans, neolignans and related compounds）、2种有机硫化合物（Organosulfur compounds）、2种碳氢化合物（Hydrocarbons）、2种均相非金属化合物（Homogeneous non-metal compounds）以及11种其他代谢物（Others）（图4-26）。

在主成分（PCA）分析中，PC1解释了32.1%的变量，PC2解释了24.5%的变量。在PC1方向上，各处理样本出现了AMF诱导的分离；在PC2方向上，各处理样本出现盐胁追引起的分离（图4-27）。为了有效减少模型的复杂性并衡量根系代谢物在模型中的重要性，我们还进行了偏最小二乘判别（OPLS-DA）分析。AMF vs 对照和AMF+NaCl vs NaCl两个对比模型的Q^2分别是0.924和0.850，表明结果可靠。同时，通过偏最小二乘判别（OPLS-DA）分析得到各代谢物的VIP值，作为筛选差异代谢物的标准之一。

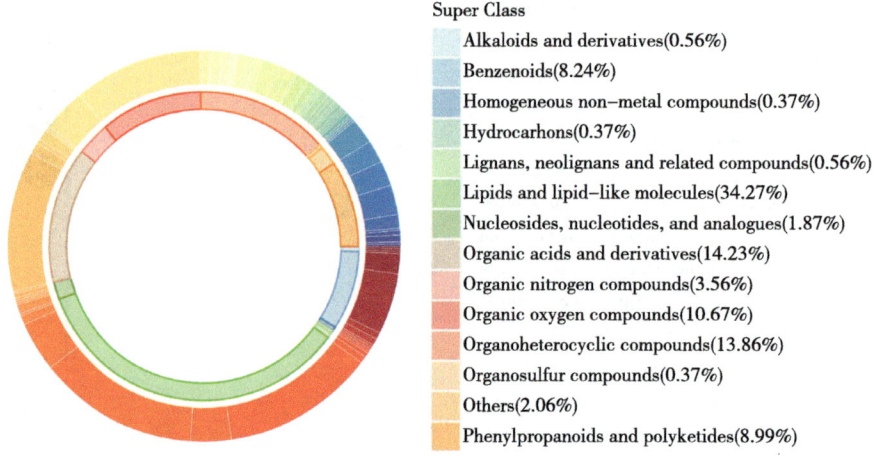

图4-26　根系代谢物成分分类

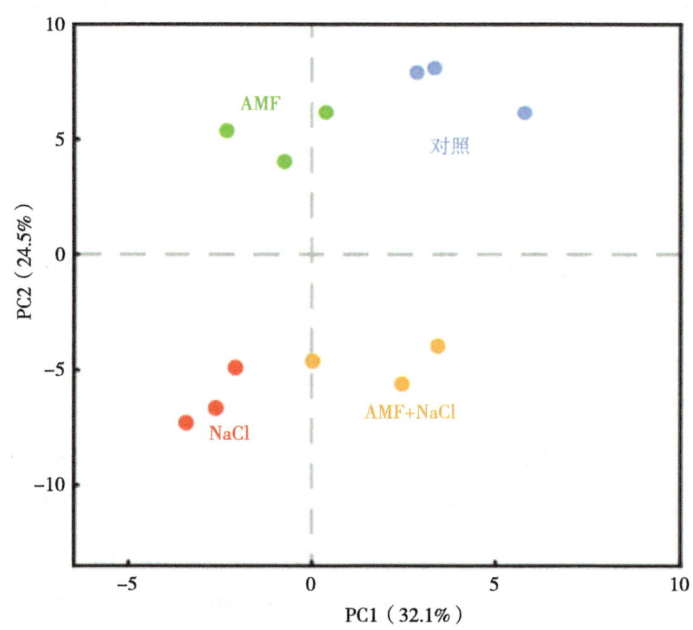

图4-27　花生根系代谢组的主成分（PCA）分析

（二）不同处理间差异代谢物的鉴定

以VIP>1和*p*-value<0.05为筛选标准，进行差异代谢物的筛选。如图4-28所示，在

比较组AMF vs Control中鉴定出了71个差异代谢物（34个上调，37个下调）。在这些差异代谢物中，有曲二糖、花生十六碳烯酸和叶黄素等25个脂质和类脂分子；有脯氨酸、酪氨酸和苏氨酸等13个有机酸及其衍生物；还有蔗糖、半乳糖和海藻糖等10个有机氧化合物。特别要注意的是，在这些差异代谢物中，大量糖类物质含量在根系中显著降低，而大量氨基酸含量显著提高。

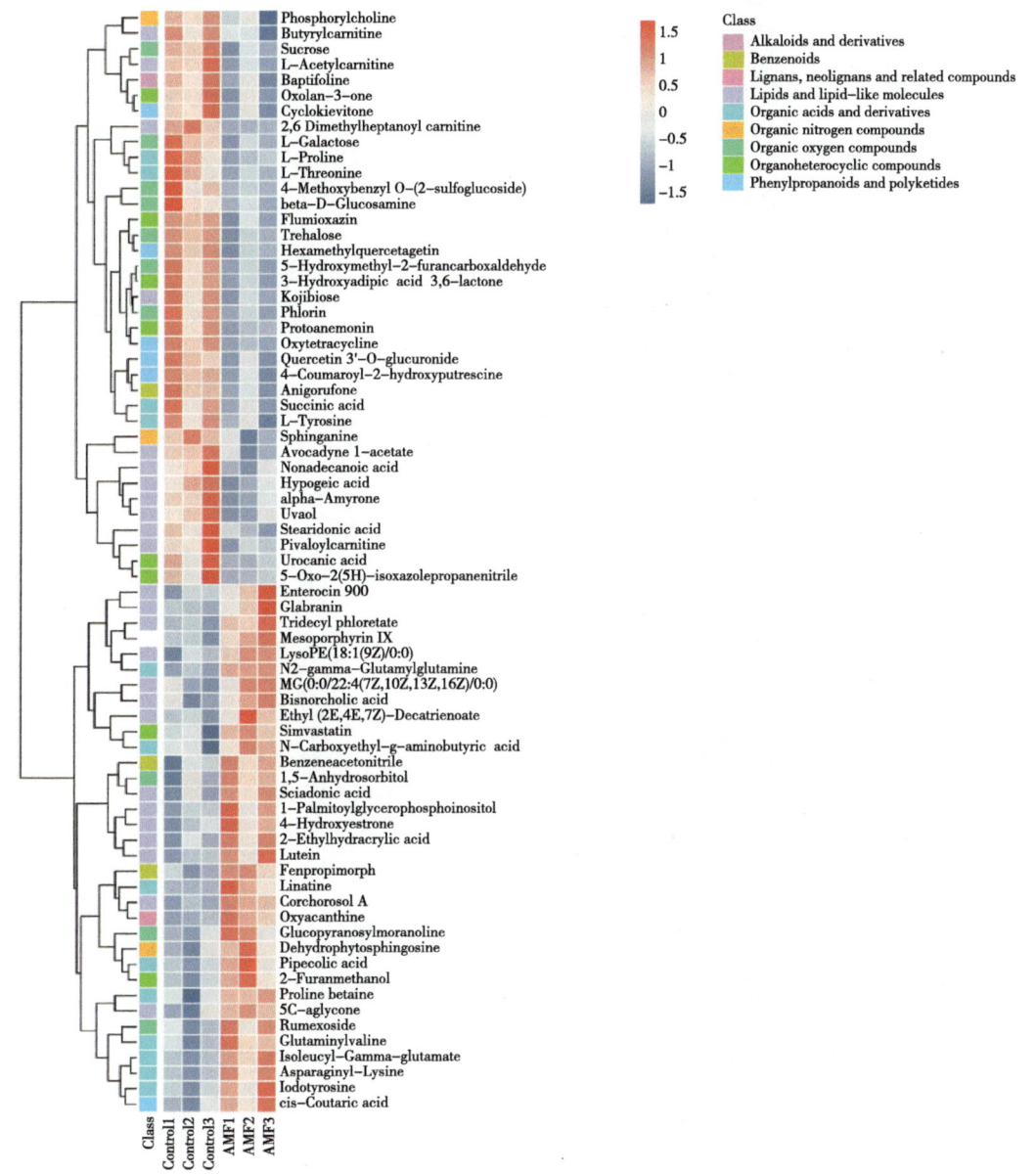

图4-28　AMF vs 对照中的差异代谢物热图分析

如图4-29所示，在比较组AMF+NaCl vs NaCl中鉴定出了109个差异代谢物（79个上调，30个下调）。在这些差异代谢物中，有茉莉酸、油酸和叶黄素等32个脂质和

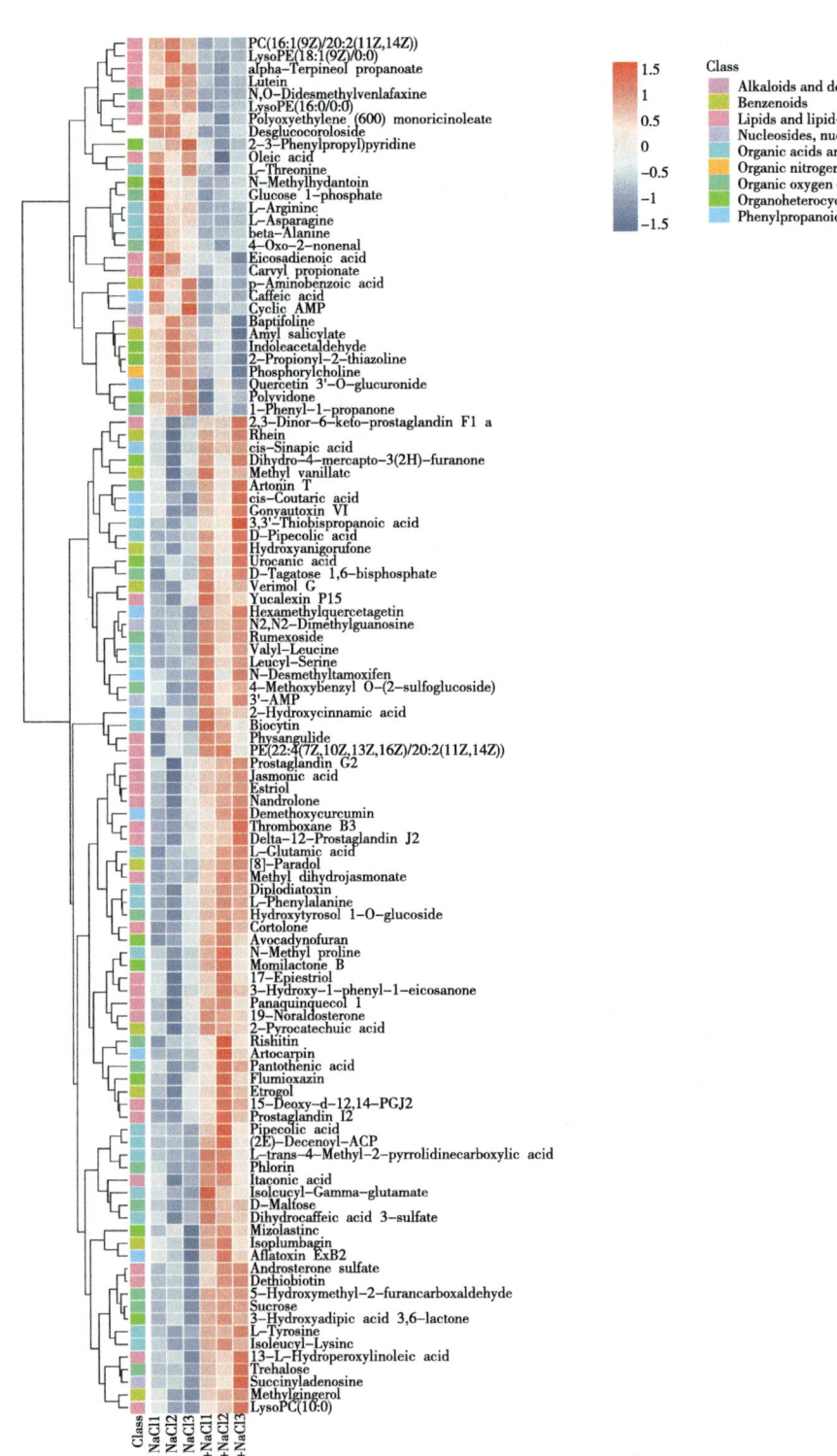

图4-29 AMF+NaCl vs NaCl中的差异代谢物热图分析

类脂分子;有酪氨酸、谷氨酸、苏氨酸和苯丙氨酸等20个有机酸及其衍生物;还有蔗糖、海藻糖和麦芽糖等16个有机氧化合物。与AMF vs 对照比较组不同,盐胁迫下,接种AMF使根系中的糖类和氨基酸含量均显著提高,还有大量次生代谢物含量显著升高。以上结果表明,盐胁迫下,AMF提高了根系糖类和氨基酸等渗透调节物质的含量,并促进了根系的次生代谢,从而提高花生根系的耐盐性。

(三)差异代谢物的KEGG富集分析

将根系差异代谢物比对到KEGG数据库中,进行代谢通路富集分析。结果表明,在AMF vs 对照比较组中,差异代谢物显著富集在淀粉和蔗糖代谢通路(ko00500)、异喹啉生物碱合成(ko00950)、硫代谢(ko00920)、酪氨酸代谢(ko00350)和抗坏血酸和醛酸代谢(ko00053)等代谢通路(图4-30)。

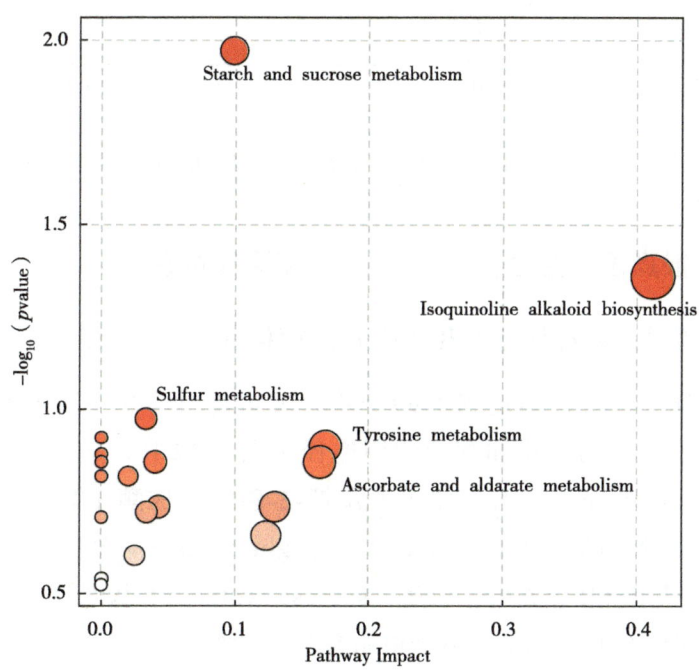

图4-30 AMF vs 对照中的差异代谢物KEGG富集分析

如图4-31所示,在AMF+NaCl vs NaCl比较组中,差异代谢物显著富集在淀粉和蔗糖代谢通路(ko00500)、异喹啉生物碱合成(ko00950)、半乳糖代谢(ko00052)、β-丙氨酸代谢(ko00410)、泛酸和辅酶A的生物合成(ko00770)等代谢通路。结果表明,无论胁迫与否,AMF都显著调控了花生根系的淀粉和蔗糖代谢途径。

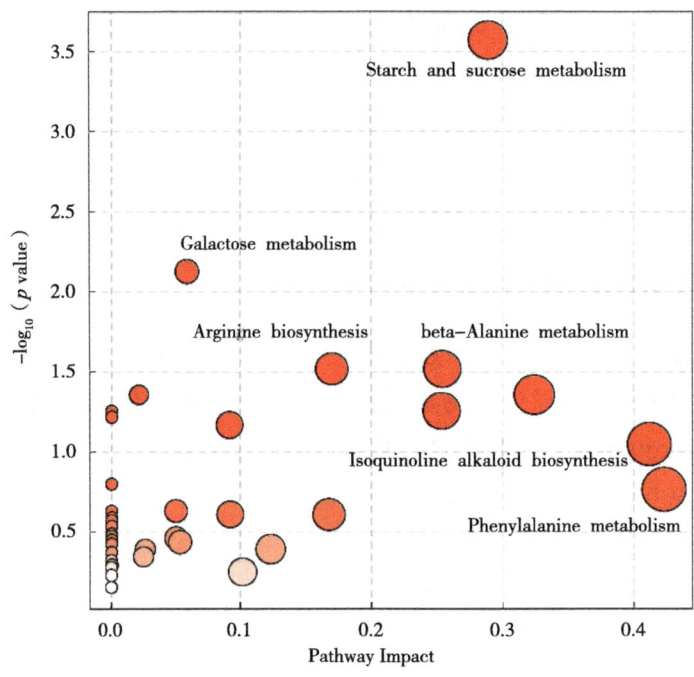

图4-31 AMF+NaCl vs NaCl中的差异代谢物KEGG富集分析

三、丛枝菌根真菌对盐胁迫花生根系代谢通路的影响

（一）丛枝菌根真菌对盐胁迫花生根系淀粉和蔗糖代谢的影响

通过转录组测序分析，鉴定到了99个差异表达基因（70个上调基因和29个下调基因）参与花生根系中的淀粉和蔗糖代谢途径（图4-32）。其中主要包括17个β-葡萄糖苷酶（β-glucosidase）基因、13个海藻糖-6-磷酸合成酶（TPS）基因、8个葡聚糖endo-1,3-β-葡聚糖苷酶（glucan endo-1,3-β-glucosidase）基因、6个内切葡聚糖酶（endoglucanase）基因和5个蔗糖合成酶（sucrose synthase）基因等。

同时通过代谢组分析发现，有4个根系差异代谢物参与该途径，分别是蔗糖、海藻糖、麦芽糖和葡萄糖-1-磷酸。结果表明，在盐胁迫条件下，与未接种AMF的植株相比，接种植株根系的蔗糖、海藻糖和麦芽糖等糖类含量显著提高。同时，AMF也诱导了大量蔗糖和海藻糖合成相关基因表达的变化。在这些基因中，有3个蔗糖合成酶基因、4个海藻糖-6-磷酸合成酶基因（TPS）和2个海藻糖-6-磷酸酶基因（ostB）表达上调。此外，根系中的葡萄糖-1-磷酸含量在AMF+NaCl处理中含量显著下调。而根系中淀粉合酶基因（glgA）、葡萄糖-1-磷酸腺苷酸转移酶基因（glgC）及颗粒结合型淀粉合成酶基因（WAXY）的表达也显著上调。这表明AMF可能通过调控glgA、glgC和WAXY等基因表达促进了淀粉的合成。结果表明，在盐胁迫下，AMF促进了花生植株根系葡萄糖、蔗糖、海藻糖与淀粉的合成。

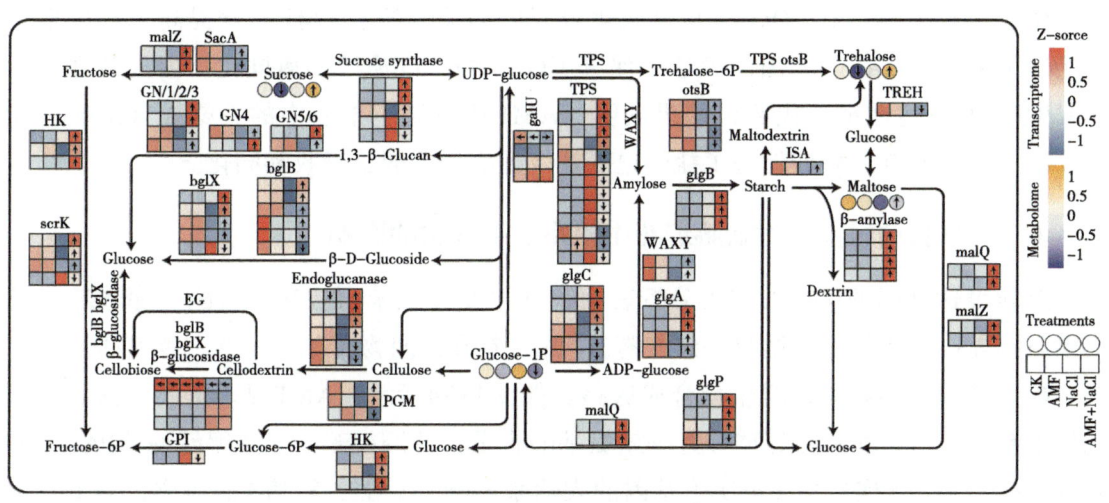

图4-32 花生根系淀粉和蔗糖代谢通路

（二）丛枝菌根真菌对盐胁迫花生根系氮代谢的影响

通过转录组分析，共鉴定出了32个差异表达基因参与根系氮代谢过程，包括12个硝酸盐转运蛋白（NRT）基因、4个氯离子通道蛋白（CLC）基因、5个铵转运蛋白（NRT）基因、2个硝酸还原酶（NR）基因、4个谷氨酸脱氢酶（GDH）基因、3个谷氨酰胺合成酶（GS）和2个谷氨酸合成酶（GOGAT）基因（图4-33）。

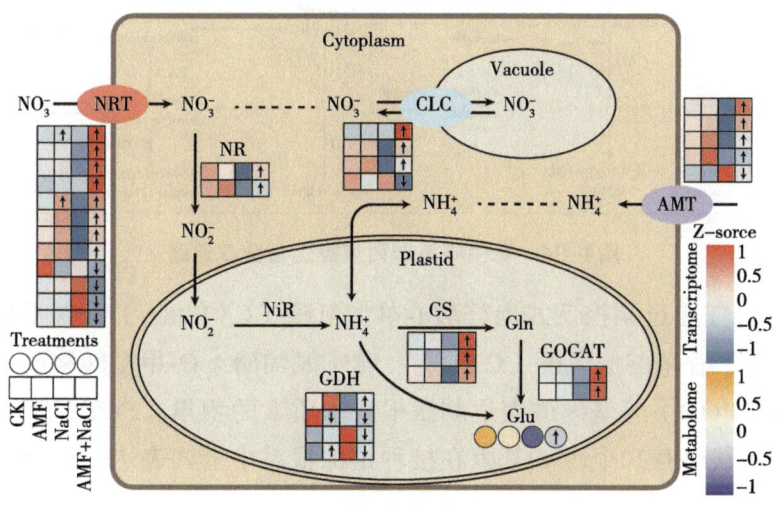

图4-33 花生根系氮代谢通路

在盐胁迫下，AMF诱导了12个 *NRT* 基因和5个 *AMT* 基因的差异表达，促进了花生对 NH_4^+ 和 NO_3^- 的吸收利用。而CLC蛋白位于各个细胞器膜上，也具有转运硝态氮的功能。

在这些差异表达基因中，有3个CLC基因表达上调。

NR、GDH、GS和GOGAT是氮同化过程中的关键酶。AMF显著提高了花生根系中NR、GS和GOGAT等基因的表达，促进了GS/GOGAT途径的氮同化，但显著降低了GDH的基因表达水平。代谢组结果表明，AMF还诱导了根系中的谷氨酸含量显著提高。以上结果表明，AMF促进了盐胁迫下花生植株根系的氮吸收和同化。

（三）丛枝菌根真菌对盐胁迫花生根系次生代谢的影响

差异表达基因的KEGG富集分析表明，其主要涉及苯丙烷和类黄酮代谢通路。该结果与差异代谢物的富集结果一致，有3个根系差异代谢物（苯丙氨酸、酪氨酸和咖啡酸）参与苯丙烷类和类黄酮生物合成通路。如图4-34所示，AMF显著提高了盐胁迫下花生根系的苯丙氨酸和酪氨酸等芳香族氨基酸含量，并调控苯丙氨酸解氨酶（PAL）和对香豆酸：辅酶A连接酶（4CL）基因的表达来影响香豆酸：辅酶A的形成，为下游木质素合成和类黄酮途径提供前体物质。

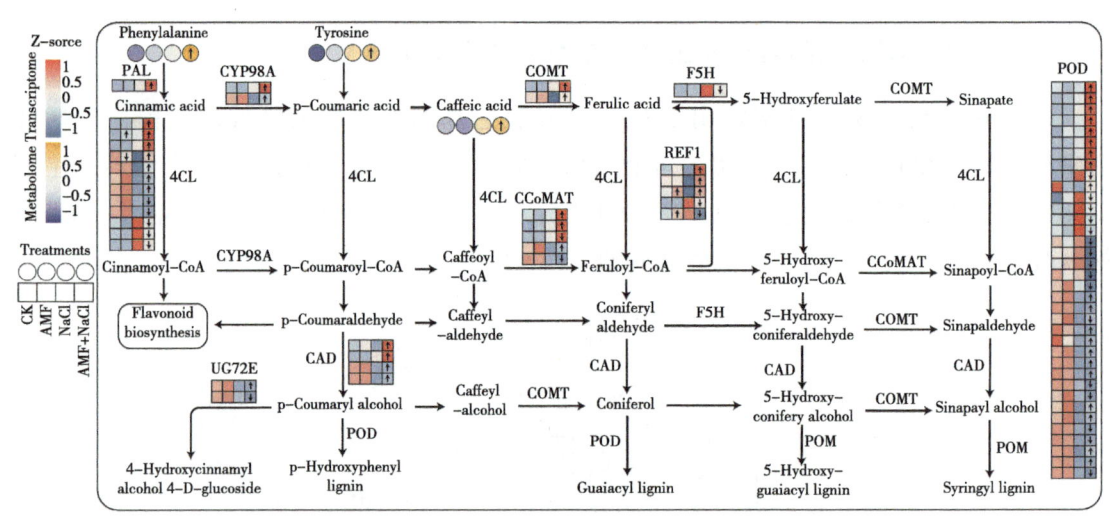

图4-34　花生根系苯丙烷类生物合成通路

一方面，AMF通过调控反式肉桂酸4-单加氧酶（CYP98A）、咖啡酸3-O-甲基转移酶（COMT）、香草醇脱氢酶（CAD）、咖啡酰辅酶A O-甲基转移酶（CCoMAT）和过氧化物酶（POD）等基因的表达刺激根系木质素的积累。POD基因可能在其中发挥了关键作用。其中有20个POD基因在接种植株根系中上调表达，16个POD基因下调表达。

另一方面，AMF调控了大量莽草酸羟基肉桂酰基转移酶（HCT）和查尔酮合成酶（CHS）基因来促进黄酮和类黄酮的生物合成。其中，有7个HCT基因和20个CHS基因在接种植株中表达上调（图4-35）。此外，接种植株根系中的CYP超家族基因

（*CYP73A*和*CYP98A*）表达水平上调，也可能促进了类黄酮和木质素等次生代谢物的合成。

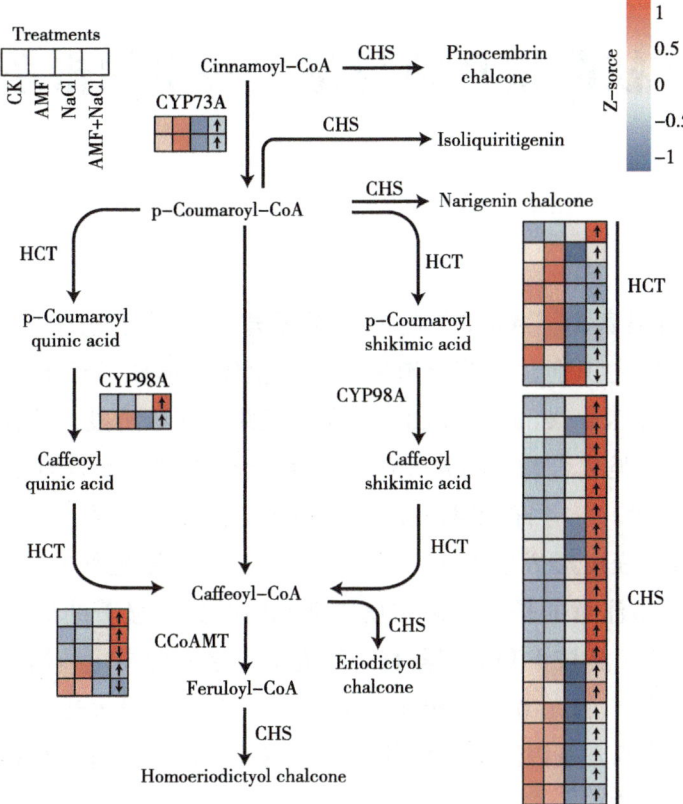

图4-35 花生根系类黄酮生物合成通路

第五章　丛枝菌根真菌与花生共生的根系代谢机制

植物与丛枝菌根真菌（AMF）的共生关系建立依赖于根系分泌物的特定代谢物，这些代谢物在宿主识别、真菌定殖启动及共生体系形成过程中发挥关键调控作用（Luisa et al., 2018；Kaur et al., 2020）。在菌根共生起始阶段，植物根系分泌的化学信号（如独脚金内酯类化合物）可被AMF孢子特异性识别，触发真菌的代谢激活过程（Oldroyd et al., 2009）。当孢子萌发产生的菌丝与根表接触时，在宿主信号分子梯度引导下，菌丝通过根表皮形成侵染入口，并建立向皮层细胞延伸的侵染通道（Maclean et al., 2017）。值得注意的是，真菌在皮层细胞内会经历显著的形态重塑，分化为特征性的树状菌丝结构（丛枝）和储存器官（泡囊），这些特异化结构的形成标志着功能性共生关系的正式建立（Lanfranco et al., 2018）。全基因组表达分析表明，这一共生过程涉及植物与真菌双方基因表达网络的同步重编程，提示其背后存在复杂的分子互作机制（Kaur et al., 2020）。

宿主植物根系在建立丛枝菌根共生关系过程中经历系统性代谢变化，其代谢网络从共生识别阶段至功能共生体形成呈现显著时空动态特征（French, 2017；Ma et al., 2022）。研究证实，该过程涉及由苯丙烷类、萜类、氨基糖类代谢通路协同驱动的关键信号分子群，其中类黄酮、独脚金内酯（如strigolactones）和N-乙酰葡糖胺基信号分子构成核心调控网络。类黄酮是一组来自苯丙烷途径的特定代谢物，能够刺激菌丝生长和分支形成（Winkel-Shirley, 2002；Scervino et al., 2005）。在菌根共生体形成的早期阶段，对AMF侵染的根系中代谢物显示类黄酮组成和含量变化剧烈，这表明类黄酮化合物可能调控AMF侵染的初始阶段（Lohse et al., 2005；Gerlach et al., 2015）。

已建立的菌根共生关系涉及菌丝界面上的营养-碳交换，其中营养物质从真菌运输到植物，而AMF通过菌根共生体接收来自宿主的碳水化合物和脂类满足自身生长需求（Gaude et al., 2015；Luginbuehl et al., 2017；Rich et al., 2021）。因此，在AMF与宿主共生体建立后，植物根中的糖类、脂类和氨基酸的含量和组成发生了改变（Schliemann et al., 2008；Keymer et al., 2017）。植物叶片中糖类、脂类和氨基酸水平的增加促进宿主的光合作用，从而增加根分泌物的释放（Hafner et al., 2014），而这些分泌物调控AMF与宿主共生体的形成（Smith et al., 1990；Gaude et al., 2015）。在AMF共生完全建立后，溶血磷脂酰胆碱（lysoPC）脂类作为信号分子，防止过度的菌根化（Drissner et al., 2007）。Schliemann等（2008）在苜蓿（*Medicago sativa*）中进行了全面的代谢组学分析，揭示了在AMF定殖根系中氨基酸、脂类、异黄酮和酚类物质的变化。大量研究表明，由于AMF的定殖，根系在一般和特殊代谢途径上都经历了显著变化。

研究证明，特定植物激素在建立丛枝菌根共生关系中发挥了重要的作用，这些激素可能负责宿主植物中其他代谢变化（Pozo et al., 2015；Kaur et al., 2020）。特定植物激素也可能作为AMF共生建立的正面或负面调节因子（Pons et al., 2020）。例如，生长素可以正向调节菌根共生体的建立，并且AMF定殖的根中生长素含量高于非菌根（Fitze et al., 2005；Jentschel et al., 2007）。此外，低浓度的外源性生长素刺激菌丝体形成，而高浓度则抑制其形成（Chen et al., 2022）。茉莉酸（JA）和脱落酸（ABA）也参与菌根共生的建立（Gutjahr et al., 2009；Foo et al., 2013）。与未定殖植物相比，AMF植物中JA和ABA的水平发生改变，这些物质促进植物对生物和非生物胁迫的耐受性（Luo et al., 2009；Song et al., 2014）。水杨酸（SA）的产生在AMF共生早期被激活，以应对真菌菌丝对根细胞的入侵（Liao et al., 2018）。因此，SA对AMF共生的初始建立具有关键影响，但不涉及AMF共生的功能性。

目前，多数研究主要集中在共生体建立后代谢物的变化，此类研究主要集中在几组参与AMF共生建立的代谢物上（Larose et al., 2002；Schliemann et al., 2008；Kaur et al., 2020）。但很少关注代谢物在AMF共生建立过程中的时间变化趋势，对AMF共生建立过程中根代谢变化的全面分析仍然缺乏。

本章研究了花生根系与AMF共生建立过程中的代谢物含量和组成的时空变化趋势。通过在花生根系共生建立前期、中期和后期的靶向代谢组学分析，阐明了特定代谢物在菌根共生体建立过程的潜在作用，探索AMF定殖花生根系的关键生理过程。

一、菌根建立过程中根的整体代谢变化

为了验证AMF与花生根系的共生关系是否成功建立，我们检测了AMF侵染花生根系15 d、30 d和45 d的根系侵染率，分别为0、11%和65%（图5-1A）。3个AMF特异性标记基因（*PT4*、*RAMF1*和*RAMF2*），在调节和维持AMF与根系共生中起关键作用，在45 d的AMF根中表达最高（图5-1B），表明AMF处理组中根系菌根共生体已经建立。45 d时，AMF植物的根干重高于Non-AMF植物（图5-1C）。此时，AMF根中的钙（Ca）和镁（Mg）含量高于Non-AMF根，而氮（N）、磷（P）和钾（K）含量在

AMF和Non-AMF植物根系中差异不显著（表5-1）。这些结果表明，AMF在花生的根中定殖成功约需要45 d，菌根共生体建立后提高了花生根系对钙镁元素的吸收，促进植物的生长。

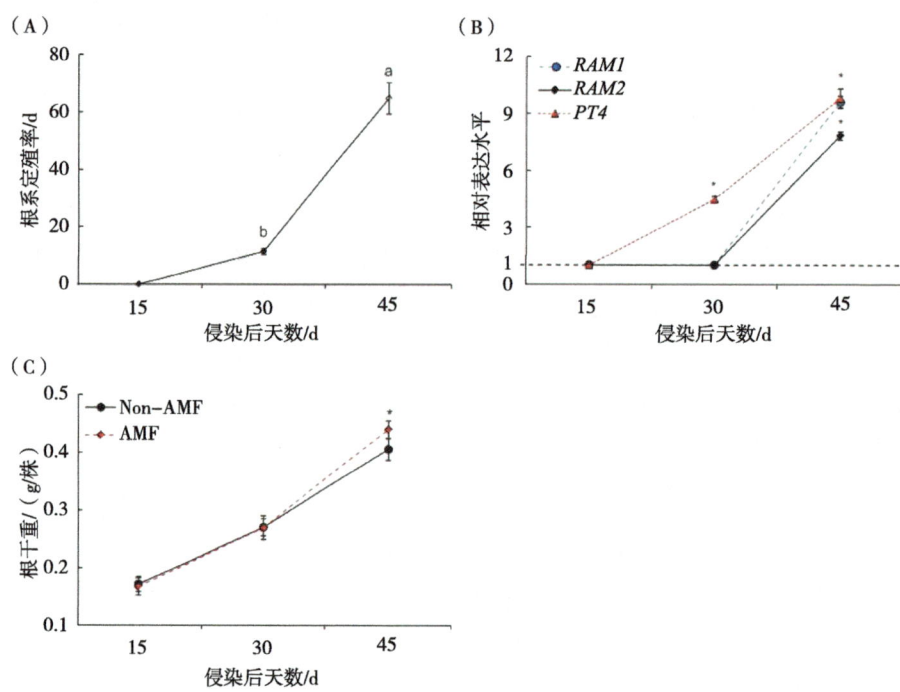

A—AMF真菌的菌根化程度；B—AMF定殖植物根中3种AMF特异性标记基因（RAMF1、RAMF2和PT4）的相对表达水平，取决于AMF共生阶段；C—AMF真菌定殖对植物根干重的影响。

图5-1　花生根系接种AMF后15 d、30 d和45 d的菌根定殖情况

注：字母表示显著差异$P<0.05$，*表示差异在$P<0.05$时显著。实验独立重复3次。误差表示6次重复的平均值±SE。Non-AMF：未菌根化植物。AMF：AMF真菌定殖植物。

表5-1　花生根在接种和不接种AMF真菌后45 d的营养元素含量

处理	N/%	P/(mg/g)	K/(mg/g)	Ca/(mg/g)	Mg/(mg/g)
Non-AMF$_{45}$	2.97 ± 0.03	3.54 ± 0.03	27.9 ± 2.24	14.7 ± 0.83	5.87 ± 0.33
AMF$_{45}$	2.71 ± 0.18	3.59 ± 0.18	28.1 ± 0.49	17.5 ± 0.45*	6.70 ± 0.32*

注：*表示差异在$P<0.05$时显著。

为了研究AMF定殖过程的代谢物的变化，我们使用UPLC-MS/MS技术表征了花生根代谢谱的变化。对AMF和Non-AMF植物的根代谢物进行靶向分析，结果显示，在15 d、30 d和45 d，AMF和Non-AMF植物的代谢物组成存在明显差异。尽管在15 d时，与Non-AMF根相比，AMF根中下调的代谢物数量多于上调的代谢物，但从初始AMF

定殖（15 d）到完全建立的共生关系（45 d），AMF根中上调的代谢物数量增加（图5-2A）。对时间点之间共享和独特的差异表达代谢物的分析显示，有16种代谢物在3个时间点中持续差异表达，在AMF和Non-AMF根之间没有显著差异。在45 d时，AMF根中检测到的差异表达代谢物数量最多（图5-2B）。在AMF共生关系建立的每个阶段，AMF根中约有21%的代谢物也存在于Non-AMF根中。

在本研究中，我们调查了花生根在建立丛枝菌根共生过程中各种代谢物（包括植物激素）的组成和含量变化。根中一般和特异性代谢物的含量反映了初始定殖和稳定互利共生的建立。接种AMF孢子后需要大约45 d才能建立功能性AMF共生（图5-1A、图5-1B）。菌根共生体增加了植物根中的糖含量，表明碳水化合物供应对于支持AMF生长发育是必要的。完全建立共生关系的根中的羧酸和氨基酸含量高于对照根或共生建立早期阶段的根，并且完全建立的共生菌根还与更高的Ca和Mg吸收相关。这些养分被运输到叶片以增加光合速率（Tränkner et al., 2018；Wang et al., 2019），最终将增加植物生物量（图5-1C）（Cui et al., 2019）。

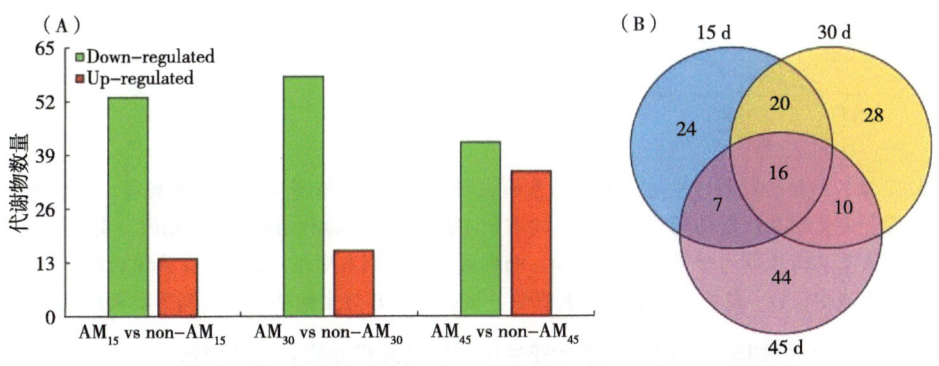

A—花生根系显著上调和下调的代谢物数量；B—差异代谢物维恩图。

图5-2 花生根系在接种AMF后15 d、30 d和45 d的代谢物分析

二、早期丛枝菌根真菌定殖过程中类黄酮的变化

对AMF和Non-AMF根之间差异代谢物进行了KEGG通路分析，与Non-AMF根相比，AMF根中的主要代谢变化在于苯丙烷类和苯丙烷类衍生物（即黄酮、黄酮醇、黄酮类、黄烷酮、异黄酮和花青素）的组成和含量发生变化。在15 d、30 d和45 d时，AMF根中分别鉴定出52种、55种和36种苯丙烷类和黄酮类代谢物；它们分别占差异表达代谢物总数的78%、74%和47%。仅苯丙烷类在15 d、30 d和45 d时分别占AMF根中所有差异表达代谢物的15%、9.5%和7.8%。黄酮、黄酮类、黄烷酮和异黄酮在每个时间点差异表达代谢物中所占比例相似（图5-3A）。几类特殊代谢物在30 d时发生剧烈变化，包括黄酮醇（15%）、花青素（4.1%）、生物碱（6.8%）及维生素和维生素衍

生物（2.7%）（图5-3B）。这些代谢物参与黄酮类、异黄酮类、花青素、黄酮、黄酮醇、芪类、二芳基庚烷类和姜辣素的生物合成（图5-4）。

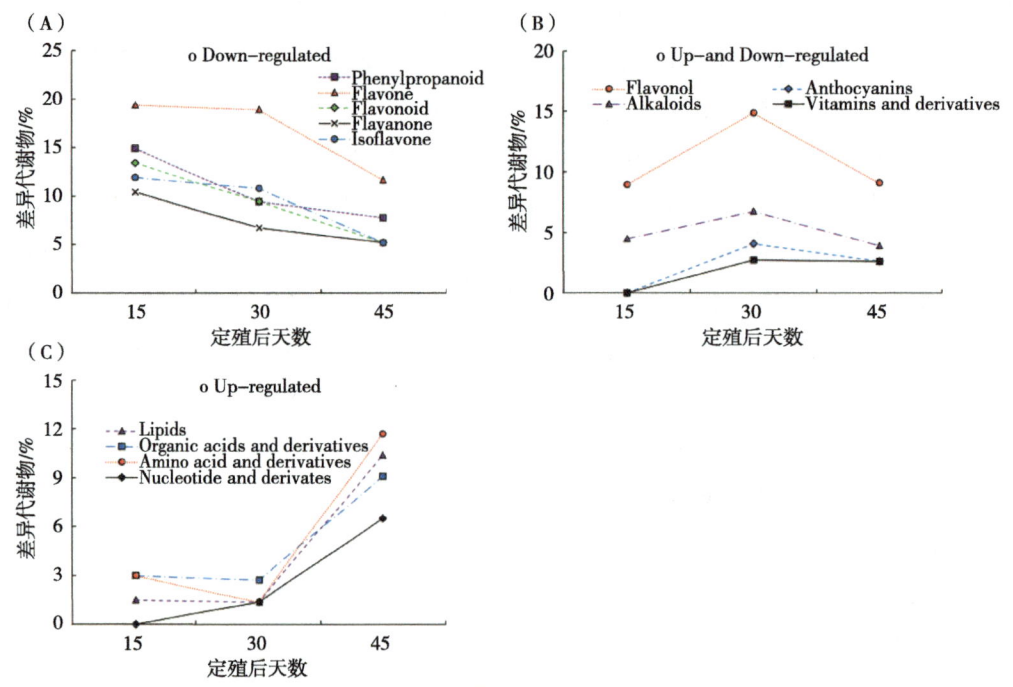

A—从AMF定殖的初始阶段到完全建立共生关系的过程中，显示出含量变化的苯丙烷类、黄酮类、黄酮醇类、黄烷酮类和异黄酮类化合物的相对百分比均有所下降；B—在接种后15～30 d期间，黄酮醇、花青素、生物碱及维生素及其衍生物的含量均有所增加，而到第45天时则有所下降；C—在接种后15～30 d增加，然后在第45天减少；D—脂类、有机酸、氨基酸、核苷酸及其衍生物从第15天到第45天均显著增加。

图5-3　AMF定殖后花生根系中差异代谢物含量的变化

在AMF根中，发生改变的黄酮类化合物数量最多的是在15 d。总体而言，与Non-AMF根相比，在共生建立过程中，AMF根中的异三叶豆苷、山柰酚、金圣草黄素、法尔醇和毛蕊异黄酮显著降低。在15 d和30 d时，AMF根中的甘草苷、大豆苷和芒柄花苷水平下调。与Non-AMF根相比，在15 d时，AMF根中的芒柄花苷、柚皮素查耳酮、柚皮素、4′,5,7-三羟基黄烷酮、丁素、4,2′,4′,6′-四羟基查耳酮和大豆苷也较低，但在45 d时它们较高（图5-4）。因此，这些代谢物可能在AMF共生建立中发挥重要作用。与Non-AMF根相比，异鼠李素5-O-己糖苷和甲基槲皮素O-己糖苷在30 d和45 d时在AMF根中较高，而甘草素、芹菜苷、柚皮素O-丙二酰己糖苷和异鼠李素3-O-葡萄糖苷在45 d时在AMF根中分别高出1.9倍、1.0倍、1.4倍和13倍。这些结果表明，AMF根中黄酮类化合物的积累依赖于共生建立的阶段。总体而言，这些结果表明在早期AMF定殖阶段，苯丙素类和黄酮类化合物的含量和组成发生了显著变化。

植物最初将丛枝菌根真菌（AMF）感知为潜在的入侵者，因此这些微生物的信号分子在初始定殖阶段会触发植物的防御反应。随后，植物免疫响应通过宿主与AMF之间的协调分子对话而受到抑制，从而允许共生关系的建立（Zamioudis et al., 2012）。随着AMF共生关系的建立，几类特殊代谢物的含量和组成发生变化，表明这些化合物可能介导植物与AMF之间的相互作用（Maclean et al., 2017；Pistell et al., 2017）。例如，在共生关系建立的初期，美迪紫檀素的减少可归因于美迪紫檀素在限制AMF真菌菌丝生长中的作用（Guenoune et al., 2001）。因此，根中美迪紫檀素的减少有利于AMF共生关系的建立。植物特殊代谢物白皮杉醇和白藜芦醇在治疗应用中显示出广泛的生物活性，包括抗氧化活性。在这里，白皮杉醇和白藜芦醇的积累仅发生在AMF共生关系建立的早期阶段（图5-4），这表明它们可能保护植物免受AMF真菌定殖引起的活性氧（ROS）诱导的损伤（Hosoda et al., 2021）。在AMF共生关系建立的后期阶段观察到毛蕊花苷和茵芋苷的增加（图5-4），这与先前的研究结果一致（Harrison, 1993；Schliemann et al., 2008），表明这些特殊代谢物可能与保护菌根菌丝网络有关（Duhamel et al., 2013）。

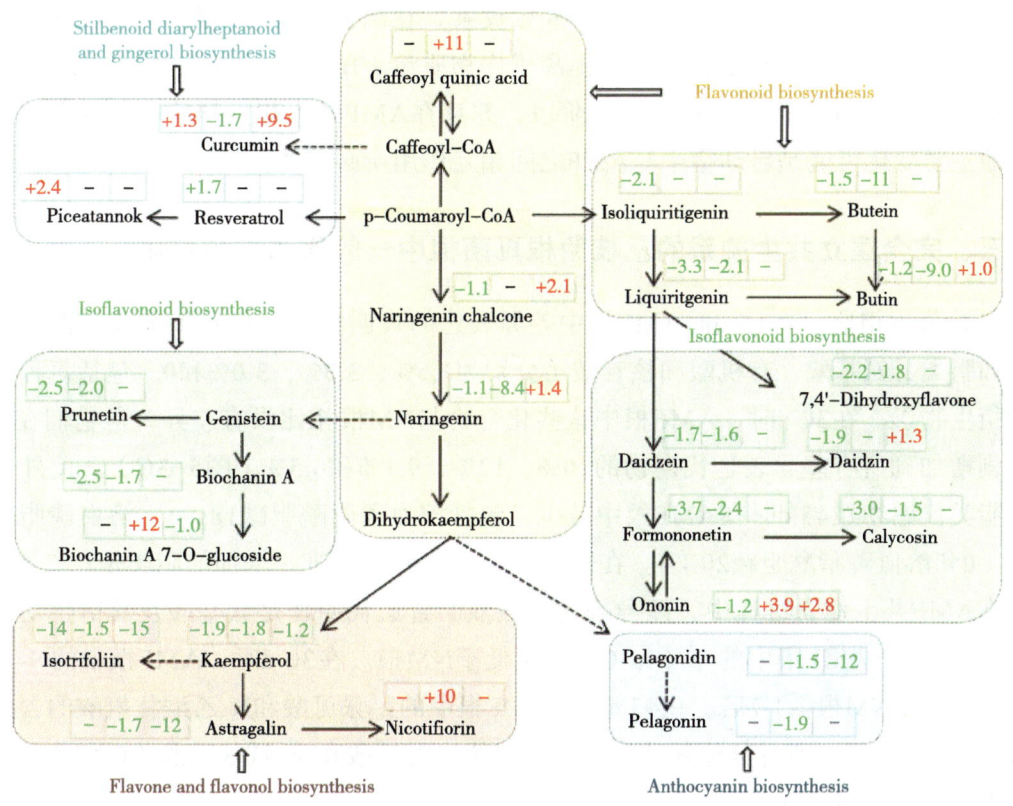

图5-4 参与黄酮类、异黄酮类、黄酮和黄酮醇的生物合成的重要次生代谢产物

注：从左到右，3个相连的小矩形分别代表AMF$_{15}$与Non-AMF$_{15}$，AMF$_{30}$与Non-AMF$_{30}$，以及AMF$_{45}$与Non-AMF$_{45}$。数字反映了在AMF共生3个阶段中代谢产物的|log2FoldChange|差异。+红色数字和-绿色数字分别表示上调或下调的程度。-表示无差异。关键代谢产物名称以粗体显示。

黄酮类化合物在启动和限制AMF定殖中具有至关重要的功能角色（Kaur et al., 2020）。柚皮素查耳酮、柚皮素、芒柄花苷、4′,5,7-三羟基黄烷酮、紫铆素、4,2′,4′,6′-四羟基查耳酮和染料木苷在共生前关联期间水平较低，但在共生完全建立后增加。在较低水平时，这些黄酮类化合物可能具有刺激作用，并可能在AMF共生初始阶段作为信号分子发挥作用。然而，在较高水平时，它们可能参与抑制已定殖根中进一步的AMF定殖。因此，黄酮类化合物水平的变化对AMF共生形成的自调节至关重要（Catford et al., 2006）。芒柄花苷含量在根定殖过程开始时较低，但在后期阶段增加（Larose et al., 2002）。此处芒柄花苷水平在共生尚未完全建立时较低，然后在45 d时恢复到对照水平。染料木素，作为芒柄花苷的前体，在AMF共生建立期间积累的水平与芒柄花苷相当。因此，芒柄花苷和染料木素在AMF共生建立期间的作用可能相似。

AMF花生根中类黄酮的含量和组成在AMF定殖的初始阶段主要发生了改变（图5-4），这表明类黄酮作为信号化合物，在预共生阶段调节AMF真菌的识别和定殖（Larose et al., 2002）。在AMF共生建立后，几种类黄酮的含量，如芒柄花苷、大豆苷、染料木苷、异鼠李素3-O-葡萄糖苷和柚皮素，在菌根中增加（图5-4）。这些代谢物增加了植物对不利条件的抵抗力并提高了作物质量（Baslam et al., 2011）。这表明类黄酮的含量和组成取决于AMF共生阶段，并且在AMF共生建立初始阶段观察到的类黄酮的主要变化可能是启动宿主与AMF之间相互作用所必需的。

三、完全建立共生关系的丛枝菌根真菌根中一般代谢物的变化

与类黄酮相比，在15 d时AMF根中差异表达的代谢物中，只有小部分是普通代谢物，如脂类、氨基酸、有机酸和核苷酸（分别为1.5%、3.0%、3.0%和0，包括每种代谢物的衍生物）。在30 d时，AMF根中这些化合物与NM根相比没有差异，但它们在45 d时急剧增加到所有差异表达代谢物的10%、12%、9.1%和6.5%（图5-3C）。此外，大多数脂类代谢物在45 d时在AMF根中减少，包括溶血磷脂酰胆碱18∶1、溶血磷脂酰胆碱50∶0和溶血磷脂酰胆碱20∶4。在这一阶段，AMF根中唯一增加的脂类是1-二十醇。

在AMF共生建立过程中，差异表达最强烈的普通代谢物是氨基酸及其衍生物。在15 d和45 d时，AMF根中的γ-Glu-Cys含量低于NM根。在30 d时，AMF根中的N-乙酰甘氨酸含量比NM根低1.7倍。在45 d时，AMF根中的L-哌可酸和N-乙酰甘氨酸的含量分别低9.7倍和1.9倍。所有其他氨基酸含量，包括L-丙氨酸和γ-氨基丁酸（GABA），在AMF根中均高于NM根。

同样，随着AMF共生关系的建立，羧酸及其衍生物的含量和组成发生了变化。在15 d时，与NM根相比，AMF根中仅肌酸磷酸和对苯二甲酸含量较低。在30 d时，AMF根中的绿原酸含量高出11倍。然而，大多数羧酸的含量仅在45 d时显著改变。例如，在

45 d时，AMF根中的没食子酸O-已糖苷含量比NM根高出10倍。在45 d时，AMF根中的D-（+）-甘露糖含量高出2.2倍，但在15 d或30 d时，AMF根和NM根中的D-（+）-甘露糖含量没有差异。总体而言，当共生关系完全建立时，AMF根中的脂类和氨基酸等一般代谢物上调。

四、丛枝菌根真菌共生关系建立过程中的其他代谢变化

总体而言，在丛枝菌根真菌（AMF）共生建立的早期阶段，类黄酮被上调，而在后期阶段，一般代谢物被上调。然而，几种特异性代谢物表现出显著变化，不符合这些趋势。例如，在45 d接种后，AMF根中的姜黄素含量比非菌根（NM）根高9.5倍。姜二酮含量在AMF根中从AMF真菌定殖的初始阶段到AMF共生关系的完全建立期间持续增加，在45 d时达到峰值，AMF根中的含量增加了14倍。因此，姜二酮不仅被AMF真菌定殖上调，还被AMF共生关系上调。值得注意的是，在菌根化过程中，AMF根中的瑞香素、咖啡醇和苯乙基咖啡酸酯的含量低于NM根。在15 d和30 d时，AMF根中的美迪紫檀素含量下降，在45 d时完全消失。在15 d时，AMF根中的白皮杉醇和白藜芦醇的含量分别高出2.4倍和2.6倍。在45 d时，AMF根中的毛蕊花糖苷和茵芋苷含量显著增加（分别高出10倍和14倍），但在15 d和30 d时，这些化合物的含量相似。

在AMF共生建立后，植物通过光合作用将固定的碳4的20%以糖和脂质的形式提供给AMF（Bago et al.，2000；Jung et al.，2012；Keymer et al.，2017）。己糖（如葡萄糖、果糖和海藻糖）在AMF根中的积累比未定殖植物的根中更高（Pfeffer et al.，1999；Ocon et al.，2007）。在AMF根中观察到的D-（+）-甘露糖的积累反映了植物提供给AMF真菌的碳源，表明提供给AMF的碳形式具有种特异性。

在真菌中，碳主要储存在孢子和囊泡中，主要以脂质形式存在，相对较少的量以葡萄糖聚合物糖原的形式储存（Rich et al.，2017）。在苜蓿中，具有*DIS*、*STR*和*RAMP2*基因（这些基因的丧失功能突变体阻止了脂质转移到AMF）的植物无法形成丛枝（Jiang et al.，2017；Keymer et al.，2017）。这表明脂质积累对于共生关系的建立是必要的。AMF根中脂质化合物1-二十醇的增加可能是为了供AMF真菌孢子使用，作为功能性共生的重要组成部分（Bouwmeester，2021）。溶血磷脂酰胆碱（LPC）是AMF共生的信号分子，它诱导磷酸转运基因*PT4*的表达，*PT4*是AMF共生的标记基因（Drissner，2007）。*PT4*的表达在45 d时在AMF根中达到峰值（图5-1B），这表明植物-AMF真菌共生已经完全建立。较低的LPC可能诱导了*PT4*的表达，一旦AMF共生完全建立，便为AMF孢子和囊泡的生存提供了必要的脂质（图5-1B）。

氨基酸作为信号分子，调节植物对不利环境条件的响应（Hildebrandt et al.，2015）。在AMF共生过程中γ-氨基丁酸（GABA）的增加可能与植物抗逆性有关，

因为AMF根中的GABA积累能增强宿主植物的抗逆性（Hu et al., 2020; Tarkowski et al., 2020）。与NM植物相比，AMF植物中的丙氨酸（Ala）含量较低（Rivero et al., 2015）。相反，在花生菌根中Ala含量增加。这种差异可能是因为某些氨基酸在不同植物种类和AMF共生发育阶段之间存在差异。此外，AMF真菌的根外菌丝分泌羧酸进入土壤，以加速黏土矿物的风化并增加养分释放（Giasson et al., 2008）。因此，AMF根中较高的羧酸含量可能加速了养分从不溶性到可溶性形式的转化，供宿主利用。需要注意的是，本试验中测量的菌根代谢物可能包含植物和AMF真菌来源的代谢物。因此，较高的氨基酸和羧酸含量可能源于真菌，并产生以利于宿主（Kaur et al., 2022）。

五、丛枝菌根真菌共生与特定激素之间的关系

由于植物激素茉莉酸（JA）、水杨酸（SA）和脱落酸（ABA）能增加植物对胁迫的抵抗力，我们分析了接种15 d和45 d后AMF和NM根中这些激素的含量。几种生长素形式，即吲哚-3-乙酸（IAA）、吲哚-3-羧酸（ICA）、吲哚-3-羧醛（ICAld）和甲基-IAA（ME-IAA），在15 d的AMF根中含量较低，而ME-IAA含量在45 d时比NM根高（图5-5A）。JA含量在15 d和45 d的AMF根中较低，茉莉酸异亮氨酸（JA-Ile）在45 d的AMF根中也较低（图5-5B）。SA仅在15 d的AMF根中较高，而在45 d时AMF和NM根中的SA含量相当。相比之下，ABA含量在15 d的AMF根中比NM根低（图5-5C）。因此，在AMF真菌定殖的早期阶段，SA含量较高，而当共生关系完全建立时，AMF根中的JA和ABA含量降低。

AMF在定殖的初始阶段可以触发植物防御反应。在AMF共生体形成初始阶段，植物防御相关化合物SA含量会积累（图5-5），这表明AMF真菌可能首先被识别为病原体并诱导宿主的系统性免疫。这与AMF根在初始定殖阶段SA增加的情况一致（Medina, 2003; Fernández et al., 2014; Kaur et al., 2020）。AMF植物中JA水平较高也会诱导防御相关化合物的产生（Jung et al., 2012）。AMF根中的JA含量较低（图5-5B），与之前的研究发现JA减少有利于AMF共生形成的结果一致（Gutjahr et al., 2015）。根中的ABA含量也调节AMF共生的建立；即低ABA促进真菌定殖，而高ABA则会损害这种共生关系的建立（Foo et al., 2013; Charpentier et al., 2014）。AMF花生根中的ABA含量降低（图5-5C）。AMF植物产生的ABA可能通过调节转录激活基因*MYC2*与AMF诱导的JA途径相互作用（Adolfsson et al., 2017）。因此，低ABA含量可能影响AMF根中JA的生物合成，导致JA积累减少（图5-5B）。

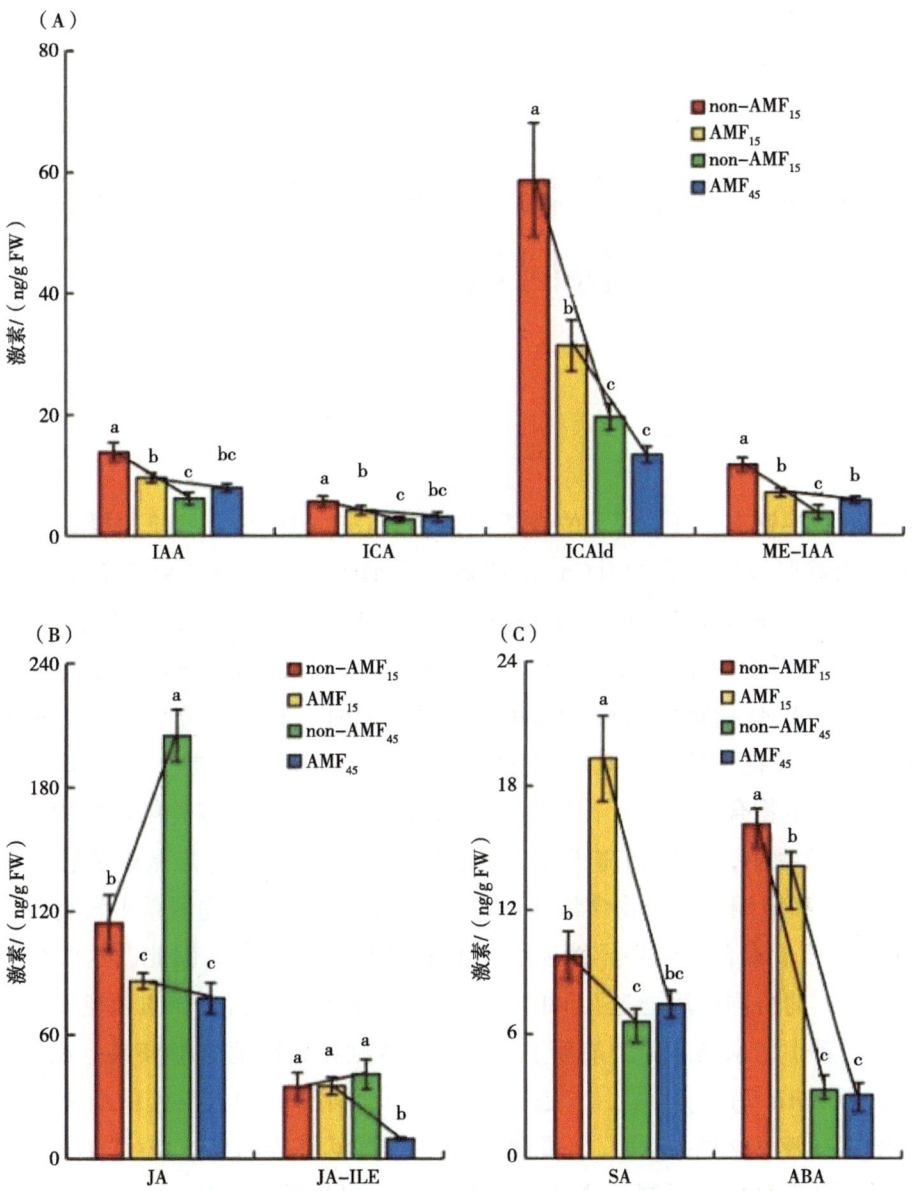

A—不同种类生长素（IAA、ICA、ICA1d和ME-IAA）的含量；
B—应激相关的激素（JA和JA-ILE）的含量；C—SA和ABA的含量。

图5-5　AMF定殖的植物根中植物激素含量

注：条形图表示6株植物的平均值±标准误。字母表示在$P<0.05$时显著。

第六章　丛枝菌根真菌与钙离子对花生的协同调控效应

土壤中可交换钙离子（Ca^{2+}）的缺乏严重影响花生的产量。丛枝菌根真菌（AMF）与宿主共生能够促进宿主植物对Ca^{2+}的吸收。本研究分析了在缺钙和钙充足条件下，被摩西斗管囊霉（*Funneliformis mosseae*，AMF的一个种）定殖的花生（*Arachis hypogaea* L.）根系中的生理和分子变化。结果表明，外源施用钙离子增加了摩西斗管囊霉的定殖率、AMF植物的植株干重和钙含量。同时，转录组分析显示，施用钙离子进一步诱导了AMF花生幼苗根系中74.5%的差异表达基因转录本。这些基因参与AMF共生发育、激素生物合成和信号转导等，以及类胡萝卜素和黄酮类化合物的生物合成。在缺钙的AMF植物中，施用钙离子进一步上调了AMF特异性标志基因的转录本水平。赤霉素（GA_3）和黄酮类化合物含量在AMF处理和钙处理的植物根系中较高，而水杨酸（SA）和类胡萝卜素含量则特异性地在AMF植物根系中增加。因此，这些结果表明，AMF共生与Ca^{2+}的协同作用通过共同的赤霉素和黄酮类化合物介导的途径促进了植物生长，而花生根系中的水杨酸和类胡萝卜素生物合成则特异性地与AMF共生相关。

花生（*Arachis hypogaea* L.）是一种重要的油料作物和人类蛋白质来源，每年对油料生产的贡献率为20%，对人类蛋白质供应的贡献率为11%。花生的产量常因土壤中可交换Ca^{2+}缺乏而受到限制，这会导致花生胚胎早期败育（Yang et al., 2017; Jain et al., 2011）。因此，Ca^{2+}在花生的生长和发育中起着至关重要的作用。钙是植物生长和发育所需的重要大量营养元素，占植物干生物量的0.1%~5%（Jaffe et al., 1975）。此外，作为第二信使，Ca^{2+}已被证明在细胞和植物发育的多个方面发挥介导作用，如细胞分裂、细胞极性、细胞伸长、光形态建成及生物和非生物胁迫响应（Ding et al., 2010; Gilroy et al., 2016; Yang et al., 2013）。

在花生中，Ca^{2+}部分调控着光系统Ⅱ（PSⅡ）反应中心组分的周转，以减轻光抑制对PSⅡ的压力（Yang et al., 2015），并通过提高赤霉素（GA）和生长素含量参与激素诱导的花生荚果形成。然而，Ca^{2+}主要通过幼根尖端吸收，且仅能被幼根系统从土壤中吸收，并通过木质部输送到地上部，它不能从老组织再分配到新组织（Sarkar et al., 2005）。因此，如果土壤无法补充外源Ca^{2+}，通常会影响植物的生长和发育。大多数植物已经通过与微生物建立共生关系来应对Ca^{2+}供应有限的问题，例如能与植物根系形成AMF共生的真菌，此类共生真菌属于球囊菌亚门（Spatafora et al., 2016），这种共生关系更具体地被称为AMF共生结构。

这种共生关系在营养吸收和碳循环中发挥着重要作用，并因此对生态系统的可持续性产生影响（Sawers. 2011）。为了建立这种共生关系，植物根系识别来自丛枝菌根真菌（AMF）的化学信号，如脂壳寡糖和壳寡糖，这些信号触发协调的分化并形成共生状态（Sun et al., 2015）。反过来，AMF需要来自产生独角金内酯（来源于类胡萝卜素合成途径）、酮类化合物和其他由植物根系分泌的可扩散信号物质，这些信号诱导AMF孢子的萌发和真菌菌丝的分枝形成（GE, 2013）。然后，在感知来自共生体的可扩散信号后，通过钙振荡诱导的共同共生信号通路建立AMF共生关系（Capoen et al., 2011）。在建立AMF共生的过程中，许多AMF特异性标记基因必须由Ca^{2+}浓度变化启动（Maclean et al., 2017），如*RAMP1*（减少丛枝菌根形成）、*RAMP2*（甘油-3-磷酸乙酰转移酶）、*CCD1*（类胡萝卜素裂解双加氧酶）、*PT1*（磷酸转运蛋白）和*DELLA*（Foo et al., 2013；Yu et al., 2014）。这些发现表明，Ca^{2+}在AMF发育中发挥着重要作用。

从识别真菌到建立共生关系，植物根系中会发生复杂的转录重编程，并且在豆科植物中已经鉴定出许多参与共生发育的特异性表达基因（Garcia et al., 2017；Pühler et al., 2005；Siciliano et al., 2007）。一些与植物激素相关的变化被认为在这种共生关系中发挥着重要作用（Hause et al., 2007），如生长素、细胞分裂素（CKs）、赤霉素（GAs）和独角金内酯，这些激素在丛枝菌根植物的根系中也发生了变化（Adolfsson et al., 2017；Foo et al., 2013）。此外，黄酮类化合物和花青素的增加被认为是调节AMF共生关系建立不可或缺的（Adolfsson et al., 2017；Jm et al., 2005）。

尽管植物对磷、氮、硫和钾等营养元素获取改善的分子基础已经得到了很好的阐述（Garcia et al., 2017；Anderson et al., 1992），但植物吸收Ca^{2+}的作用仍需要进一步研究。研究表明，适量的Ca^{2+}供应增强了AMF的定殖（Sawers et al., 2017；Habte et al., 1995），并且Ca^{2+}有利于维持功能性的丛枝菌根（Jarstfer et al., 1998）。然而，在AMF定殖且Ca^{2+}充足的植物根系中转录水平的变化仍然未知。

Cui等（2018）证明，AMF共生增加了花生幼苗中的Ca^{2+}含量，并且施加Ca^{2+}也可以促进AMF共生的发育。然而，AMF和施加Ca^{2+}如何协同促进花生幼苗生长的分子机制尚不清楚。在本章中，我们调查了接种AMF和施加Ca^{2+}的花生幼苗根系中的转录变化、激素和代谢组学分析，并将观察到的变化与AMF植物或施加Ca^{2+}的植物中的变化进行了比较。我们发现，AMF植物和施加Ca^{2+}的植物根系中次生代谢物的变化与相关生物合成途径的转录调控相一致。这些变化，如赤霉素GA_3和黄酮类化合物含量的增加，被认为参与了AMF与施加Ca^{2+}协同促进花生幼苗生长的过程。

一、丛枝菌根真菌共生体和钙离子对花生干物质积累的影响

对AMF定殖的量化结果显示，在缺钙和钙充足条件下，分别有60.33%和80.67%的植物根系被摩西斗管囊霉（*F. mosseae*）侵染（图6-1A），这表明施加Ca^{2+}可以显著提高真菌在根系的定殖。

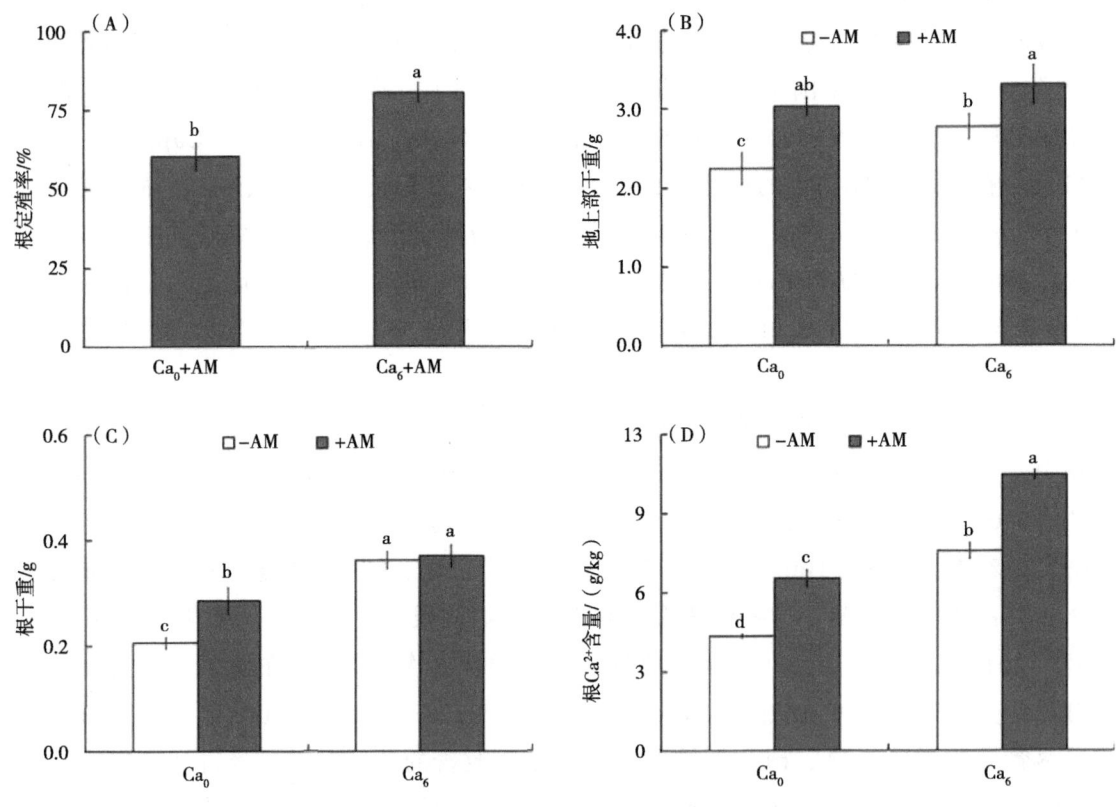

A—在Ca^{2+}缺乏和充足条件下测定了花生根中AMF定殖率；B—地上部干重；
C—地下部干重；D—AMF和NM植物根中的Ca^{2+}含量。

图6-1　AMF共生对Ca^{2+}缺乏和充足条件下花生干物质积累的影响

注：字母表示处理与对照之间的显著差异（单因素方差分析，$P<0.05$）。条形图表示来自6株植物的平均值±标准差。DW表示干重。

与未接种菌根真菌（NM）的植物相比，接种AMF的植物地上部干重显著增加，而施加Ca^{2+}进一步增加了地上部干重（图6-1B）。此外，在缺钙条件下，接种AMF的植

物根系干重显著增加，施加Ca^{2+}进一步提高了根系干重；然而，AMF共生并未增加根系干重（图6-1C）。另外，与缺钙的幼苗相比，钙充足的幼苗中Ca^{2+}含量显著更高，而AMF共生提高了根系中的Ca^{2+}水平（图6-1D）。

钙是植物生长和发育所必需的大量营养元素，同时也作为第二信使发挥着多种重要作用。长期的Ca^{2+}缺乏会限制根系的发育（Kirkby et al.，1984）。在本研究中，AMF共生增加了花生幼苗的钙离子含量（图6-1D），因为AMF增加了根表面积，从而促进植物对营养物质的吸收（Wu et al.，2010）。相反，钙离子含量的增加通过提高编码钾离子通道基因的转录本来增强植物体内的钾水平（Lei et al.，2014），与丛枝菌根共生一起改善了植物对营养物质的吸收，从而增加了地上部和根系的干重。这表明丛枝菌根共生与外源Ca^{2+}的相互作用有利于花生幼苗的生长。

二、丛枝菌根真菌和钙离子对花生基因表达的影响

（一）丛枝菌根真菌和Ca^{2+}处理花生根系转录组差异比较

以缺钙且未接种AMF的植物（Ca_0-AMF）为对照，缺钙但接种AMF并施加外源Ca^{2+}的植物（Ca_0+AMF）、钙充足未接种AMF的植物（Ca_6-AMF）及钙充足、接种AMF并施加外源Ca^{2+}的植物（Ca_6+AMF）的根系中分别有510个、1 483个和1 795个显著差异表达基因（DEGs）（图6-2A）。总体而言，Ca_0+AMF、Ca_6-AMF和Ca_6+AMF植物共有304个DEGs，且植物中DEGs的数量逐渐增加（图6-2B），这表明AMF共生结合外源Ca^{2+}诱导了更多的转录变化。Ca_0+AMF和Ca_6+AMF处理共有421个DEGs，分别占Ca_0+AMF植物（510个DEGs）和Ca_6+AMF植物（1 795个DEGs）总DEGs的82.55%和23.45%。在Ca_0+AMF植物中，380个DEGs的表达水平可通过施加Ca^{2+}进一步调节；仅有40个DEGs的表达受到相反调节。这一结果表明，施加Ca^{2+}可以进一步加强AMF对植物生长的影响。此外，还鉴定出22个与GO富集分析分子功能相关的类别，其中涉及转移酶活性的DEGs数量最多，其次是金属离子结合和氧化还原酶活性。在Ca_6-AMF植物中，涉及钙离子结合、信号受体活性、锌离子结合和抗氧化活性的4个类别最高；在其余18个类别中，Ca_6+AMF植物中涉及每个GO分子功能的DEGs数量最多，其次是Ca_6-AMF植物和Ca_0+AMF植物（图6-2C）。

为了验证RNA-Seq结果，从各种功能类别中随机选择了15个基因，并使用RNA-Seq实验的RNA样品进行了qRT-PCR分析。结果与RNA-Seq数据中基因的表达水平一致（图6-3）。

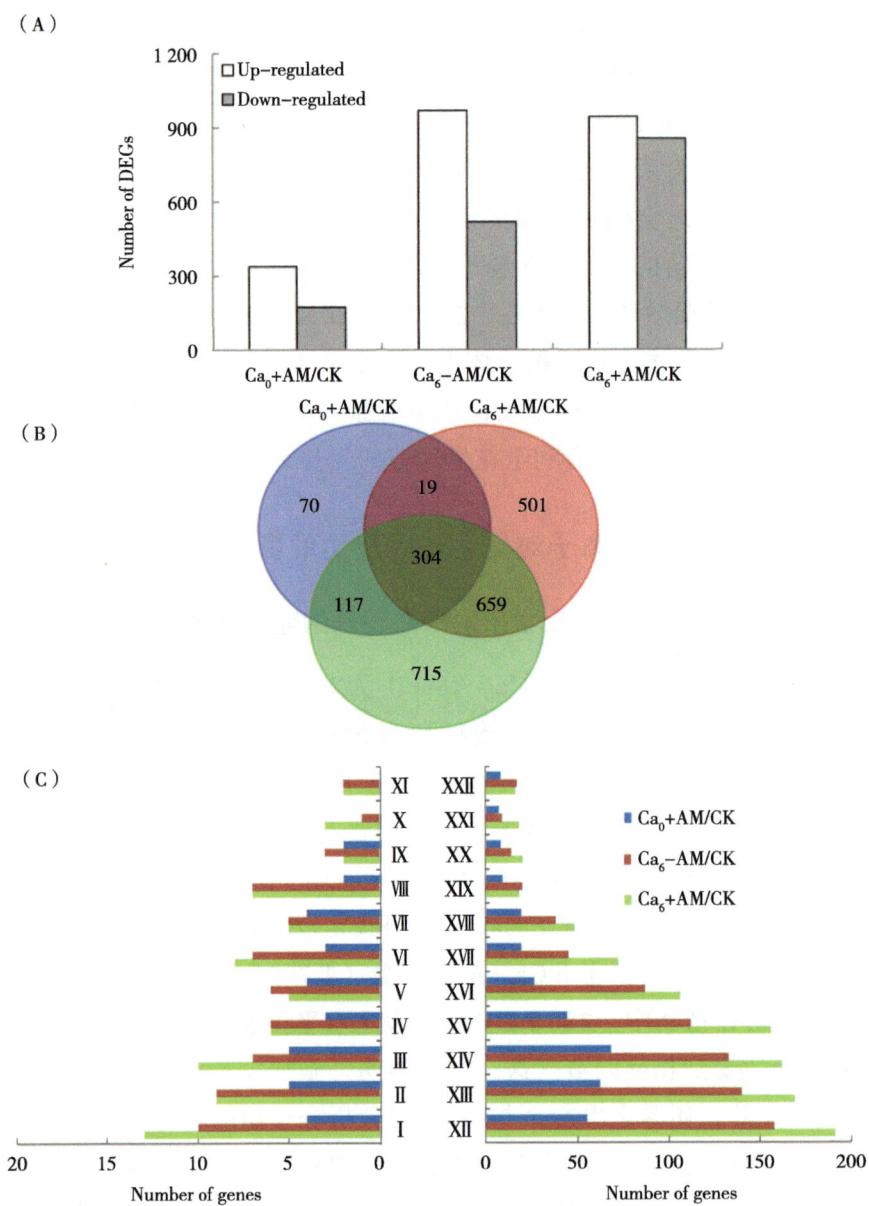

I. Enzyme regulator activity　II. Signal transducer activity　III. Phosphatase activity　IV. Pectinesterase activity
V. Calcium ion binding　VI. Peroxidase activity　VII. Electron carrier activity　VIII. Vitamin binding
IX. Signaling receptor activity　X. Nutrient reservoir activity　XI. Transcription factor activity, protein binding
XII. transferase activity　XIII. Metal ion binding　XIV. Oxidoreductase activity　XV. Hydrolase activity
XVI. Carbohydrate derivative binding　XVII. Transporter activity　XVIII. Iron ion binding
XIX. Zinc ion binding　XX. UDP-glycosyltransferase activity　XXI. Heme binding　XXII. Antioxidant activity

A—与Ca_0-AMF植株（对照）相比，Ca_0-AMF，Ca_6-AMF和Ca_6+AMF植株根系中上调和下调的差异表达基因（DEGs）数量；B—维恩图显示Ca_0-AMF，Ca_6-AMF和Ca_6+AMF植株根系中共享的以及特异性上调或下调的DEGs数量；C—不同处理中分析的7个DEGs显著富集的GO分析。

图6-2　在Ca^{2+}缺乏和充足条件下，有或无AMF定殖的花生根系的转录谱分析

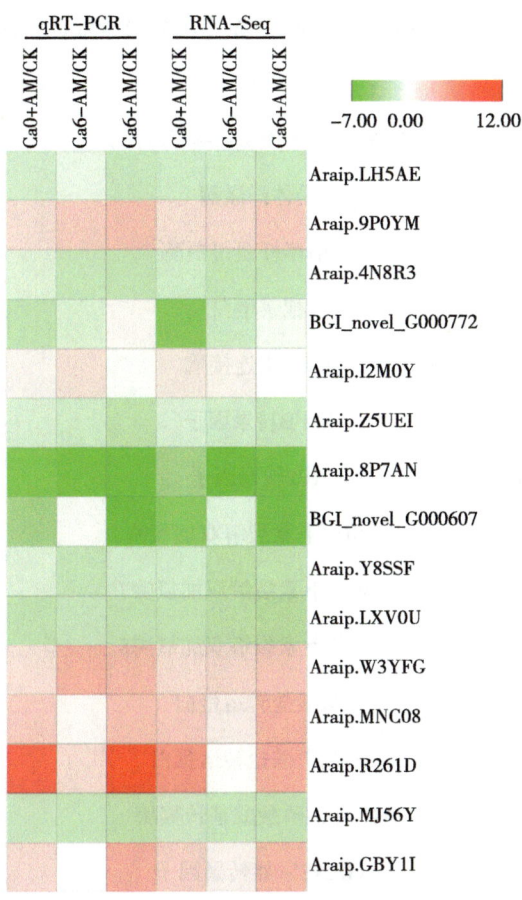

图6-3 选定基因的qRT-PCR验证

（二）Ca^{2+}对丛枝菌根真菌特异性标记基因和Ca相关基因转录的影响

我们分析了施加Ca^{2+}对AMF共生建立的作用。在Ca_6+AMF中，共鉴定出25个AMF特异性标记基因，其中包括12个GRAS家族转录因子（TFs），其中10个上调，2个下调。然而，在Ca_0+AMF中，仅诱导了12个AMF特异性标记基因，并且其中10个上调基因的转录水平在施加Ca^{2+}后进一步增加（表6-1），这些基因包括*MYB*、*AP2*、*CCD*、*DELLA1*、*RAMP1*、*RAMP2*和另一个*DELLA*基因。此外，一些AMF特异性标记基因在AMF植物中因施加Ca^{2+}而特异性表达，如*DXS2*、*DIM2*、*SbtM1*和*PUB1*。

我们进一步研究了AMF共生对Ca^{2+}信号相关基因的影响。在Ca_6-AMF和Ca_6+AMF植物中，涉及Ca^{2+}信号的差异表达基因（DEGs）数量分别为29个和32个。然而，Ca_6-AMF和Ca_6+AMF植物共有14个DEGs，并且其中9个DEGs的转录水平受到AMF共生的进一步调控。此外，AMF共生特异性地上调了编码钾通道KAT3和AKT2/3的基因*Araip.IZ5U3*和*Araip.R6YEY*的转录水平。这些结果表明，由外源Ca^{2+}诱导的Ca^{2+}信号通路与AMF共生诱导的信号通路部分不同。

表6-1 Ca_0+AMF和Ca_6+AMF处理植物根系中AMF特异性标记物的差异表达基因

基因名称	基因ID	注解	Ca_0+AMF/CK	Ca_6+AMF/CK
DXS2	Araip.581AC	1-脱氧-D-木酮糖-5-磷酸合酶	-	-1.37
DIM2	Araip.7E8G5	受体样激酶	-	4.14
SbtM1	Araip.2Y3EX	类枯草杆菌蛋白酶	-	2.23
IPD3	Araip.02MA2	胞浆蛋白	-	1.51
PUB1	Araip.658 mf	E3泛素连接酶	-	2.24
MYB	Araip.62YF9	MYB转录因子	2.87	4.39
AP2	BGI_novel_G002001	AP2转录因子	1.93	2.98
CCD1	Araip.S2QC7	类胡萝卜素裂解双加氧酶	2.99	5.63
CCD7	Araip.RJ87T	类胡萝卜素裂解双加氧酶7	1.13	2.65
CCD8	Araip.MNC08	类胡萝卜素裂解双加氧酶8	2.86	4.03
PT1	Araip.QVW26	磷酸盐转运蛋白	-	4.23
PT4	Araip.WR1Z1	无机磷酸盐转运蛋白	5.33	5.22
RAM2	Araip.1QC5L	甘油-3-磷酸酰基转移酶	3.43	5.32
RAM1	Araip.N9QES	GRAS家族转录因子	4.15	6.30
DELLA1	BGI_novel_G000145	GRAS家族转录因子	2.89	5.05
DELLA	Araip.LT9MF	GRAS家族转录因子	1.80	2.47
DELLA	BGI_novel_G000391	GRAS家族转录因子	1.81	2.84
DELLA	Araip.DNQ5K	GRAS家族转录因子	-2.49	-3.62
DELLA	Araip.RWP2N	GRAS家族转录因子	-	4.47
DELLA	Araip.TD6FV	GRAS家族转录因子	-	3.40
DELLA	BGI_novel_G001778	GRAS家族转录因子	-	1.15
DELLA	Araip.W23GC	GRAS家族转录因子	-	-1.51
DELLA	Araip.KB0T7	GRAS家族转录因子	-	1.46
DELLA	Araip.KK7TK	GRAS家族转录因子	-	1.18
DELLA	BGI_novel_G001435	GRAS家族转录因子	-	1.08

注：数值表示在Ca^{2+}缺乏和充足条件AMF植物根系与对照组（NM-Ca）相比的显著变化。正负比率表示上调和下调基因。-表示在$\log_2$倍数变化≥1和P≤0.05水平上无显著变化。

这些结果表明，Ca^{2+}和AMF共生在调节植物基因表达方面复杂的相互作用。AMF共生不仅影响植物对Ca^{2+}的吸收和利用，还可能通过调节Ca^{2+}信号通路中的关键基因来影响植物的生长发育和对逆境响应。同时，外源Ca^{2+}的施加也可能通过不同的机制影响AMF共生的建立和功能的发挥，从而进一步调节植物的生长和发育。未来的研究需要更深入地探讨这些相互作用的具体机制和生物学意义。

我们之前的研究报道指出，丛枝菌根真菌共生结合外源Ca^{2+}在改善花生幼苗生长方面优于单独的丛枝菌根共生或Ca^{2+}应用（Cui et al.，2018）。这一发现再结合我们对植物干重的观察，就可以解释Ca^{2+}可通过进一步调节丛枝菌根植物根系转录变化的主要重叠部分（510个基因中的380个，约占74%）加强丛枝菌根共生在植物生长中的作用。此外，丛枝菌根共生的建立需要表达丛枝菌根特异性标记基因（Lévy et al.，2004）。在本研究中，Ca^{2+}进一步上调并特异性诱导了丛枝菌根特异性标记基因的转录。Ca^{2+}-钙调蛋白与Ca^{2+}和钙调素依赖性蛋白激酶（CCMK）的结合可能在Ca^{2+}存在的情况下诱导CYCLOPS的磷酸化并形成复合物，该复合物与包括DELLA蛋白在内的GRAS转录因子（TFs）协同作用，启动建立丛枝菌根共生所必需的丛枝菌根特异性标记基因的表达（Maclean et al.，2017）。这些结果表明，Ca^{2+}在丛枝菌根共生的形成中发挥着至关重要的作用。

编码DELLA蛋白的GRAS家族转录因子（TF）是丛枝菌根关联形成的正调控因子（Pimprikar et al.，2016；Yu et al.，2014），同时也是赤霉素（GA）生物合成中的负调控因子，负责调节GA信号传导（Takeda et al.，2015）。据报道，在苜蓿和番茄中，丛枝菌根共生上调根部GA相关基因的表达和GA含量（García et al.，2020；Martín-Rodríguez et al.，2016）。因此，观察到的GA_3含量增加可能是Ca^{2+}进一步上调DELLA蛋白和编码赤霉素20-氧化酶的基因转录的因素之一，而赤霉素20-氧化酶是催化GA生物合成中倒数第二步反应的关键酶。这一结果表明，丛枝菌根共生正调控参与GA生物合成的转录变化，而钙离子则加强了这一效应。

（三）Ca^{2+}与丛枝菌根真菌共生对激素合成基因转录的影响

对参与植物激素生物合成的差异表达基因（DEGs）进行了筛选，包括生长素（auxin）、细胞分裂素（CKs）、赤霉素（GA）和水杨酸（SA）（表6-2）。一个编码生长素响应蛋白吲哚乙酸（IAA）的基因在未施加Ca^{2+}的丛枝菌根（AMF）植物中特异性上调。两个属于生长素响应*GH3*家族的基因在AMF植物中下调，且Ca^{2+}的施加进一步下调了其转录本。编码细胞分裂素脱氢酶的基因，该酶催化细胞分裂素的不可逆降解，表现出上调或下调。此外，我们观察到参与赤霉素生物合成的基因转录本增加。与对照相比，所有编码赤霉素20-氧化酶的DEGs在AMF植物中均上调，且在Ca_6+AMF处理的植物中观察到更多转录本。两个的DEGs，即赤霉素2-氧化酶和赤霉素受体GID1，仅在Ca_6+AMF处理的植物中上调。同时，一个参与水杨酸生物合成的转录因子TGA（*Araip.FKG2G*）在Ca^{2+}施加后特异性上调，并在AMF共生后进一步上调。

表6-2　Ca_0+AMF和Ca_6+AMF处理植物根系中参与激素信号转导的选定改变基因列表

基因ID	基因描述	Ca_0+AMF/CK	Ca_6-AMF/CK	Ca_6+AMF/CK
	生长素			
Araip.I2M0Y	生长素响应蛋白IAA	1.54	—	—
Araip.PP5S8	细胞分裂素反应性GH3基因家族	-2.20	-2.60	-3.42
Araip.V8NJN	细胞分裂素反应性GH3基因家族	-2.31	-5.41	-5.42
	细胞分裂素			
Araip.DKI8Z	细胞分裂素脱氢酶	—	2.00	2.22
Araip.ZXC56	细胞分裂素脱氢酶	-1.44	-1.97	-2.48
Araip.2I0VZ	含组氨酸磷酸转移蛋白	—	-2.32	-3.17
Araip.W2KBF	细胞分裂素脱氢酶	—	—	-2.05
	赤霉素			
Araip.9GU4E	赤霉素20-氧化酶	2.39	1.88	3.03
Araip.UXP0Y	赤霉素20-氧化酶	2.03	1.62	2.48
Araip.X2IEW	赤霉素20-氧化酶	1.84	1.39	2.73
Araip.B4LS2	赤霉素调控蛋白	—	1.85	2.07
Araip.HQ99N	赤霉素20-氧化酶	—	1.26	1.57
Araip.L4RII	赤霉素20-氧化酶	—	1.45	1.60
Araip.E8TE0	赤霉素20-氧化酶	—	—	4.62
Araip.4FI3B	赤霉素20-氧化酶	—	—	1.77
Araip.78FT4	赤霉素20-氧化酶	—	—	2.15
Araip.50IUR	赤霉素20-氧化酶	—	—	1.73

（续表）

基因ID	基因描述	Ca$_0$+AMF/CK	Ca$_6$-AMF/CK	Ca$_6$+AMF/CK
Araip.6PA6C	赤霉素2-氧化酶	—	—	1.87
Araip.99KY6	赤霉素受体GID1	—	—	1.58
水杨酸				
Araip.FKG2G	转录因子TGA	—	2.80	4.08

注：数值表示AMF或Ca^{2+}处理的植物与对照组相比的显著变化。正负比率表示上调和下调基因。—表示在log$_2$倍数变化≥1和P≤0.05水平上无显著变化。

为了验证激素水平是否与DEGs的转录变化一致，我们检测了IAA、反式玉米素核苷（tZR）、GA3和SA的含量。IAA含量在未施加Ca^{2+}的AMF植物中显著增加，但在Ca^{2+}处理下降低（图6-4A）。tZR含量的变化与细胞分裂素脱氢酶基因的转录变化一致：在Ca$_0$+AMF和Ca$_6$-AMF植物中显著降低，在Ca$_6$+AMF植物中进一步降低（图6-4B）。此外，GA$_3$含量仅在Ca^{2+}处理下显著增加（图6-4C），这与赤霉素生物合成的转录变化一致。SA含量仅在AMF植物的根部显著增加（图6-4D）。

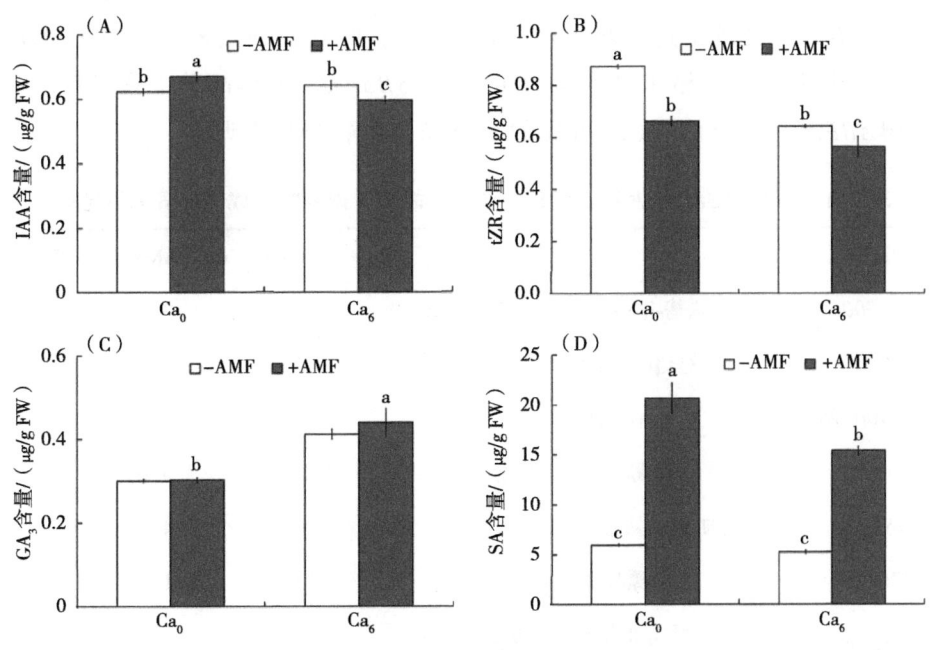

图6-4 花生根系激素水平的测定

注：在Ca^{2+}缺乏和充足条件下，对AMF植株和NM植株根系中的IAA（A）、ZR（B）、GA3（C）和SA（D）含量进行了定量。条形图表示来自6株植物的平均值±SD。字母代表处理与对照5之间的显著差异（单因素方差分析，P<0.05）。FW表示鲜重。

tZR是植物中细胞分裂素（CKs）从根部向地上部运输的主要形式（Kudo et al., 2010; Adolfsson et al., 2017）。然而，有报道称细胞分裂素在侧根起始中起负调控作用，因为细胞分裂素的过量产生会抑制侧根的起始（Fukaki et al., 2009; Laplaze et al., 2007）。在本研究中，丛枝菌根植物根部tZR含量较低，这表明编码催化细胞分裂素不可逆降解的细胞分裂素脱氢酶的基因被钙离子应用所下调。tZR含量的降低可能有利于丛枝菌根共生根的起始。这一结果支持了一些研究中的发现，即细胞分裂素可能不参与丛枝菌根共生发育的调控（Foo et al., 2013）。此外，水杨酸（SA）和类胡萝卜素已被证明在丛枝菌根定殖后被激活（Foo et al., 2013; Baslam et al., 2013），并且这些激活作用是丛枝菌根共生特有的，而不是钙离子引起的（图6-3），这表明水杨酸和类胡萝卜素含量的增加可以作为丛枝菌根特异的标记代谢产物。

（四）Ca^{2+}与丛枝菌根真菌共生对参与类胡萝卜素和黄酮类生物合成基因的影响

我们发现参与类胡萝卜素生物合成的差异表达基因（DEGs）的转录本有所增加。编码3-氧酰基-[酰基载体蛋白]还原酶（*BGI_novel_G000088*）、15-顺式-植基烯/全反式-植基烯合酶（*Araip.40X13*）和9-顺式-β-胡萝卜素9',10'-裂解双加氧酶（*CCD7*, *Araip.RJ87T*）的基因，这些基因均参与类胡萝卜素生物合成，仅在AMF植物中上调，并在Ca^{2+}处理下进一步上调（表6-3）。此外，编码未知蛋白（*BGI_novel_G003217*）、辣椒红素/辣椒玉红素合酶（*Araip.3B5FU*）和β-胡萝卜素异构酶（*Araip.FA949*, *DWARF27*）的基因在Ca^{2+}处理的AMF植物中特异性上调。

表6-3 AMF和Ca^{2+}处理植物根系中参与类胡萝卜素生物合成的差异表达基因

基因ID	注解	Ca_0+AMF/CK	Ca_6+AMF/CK	Ca_6-AMF/CK
BGI_novel_G000088	3-氧代酰基-[酰基载体蛋白]还原酶	2.49	3.80	—
Araip.Y8SSF	脱落酸β-葡萄糖基转移酶	-1.45	-2.31	-2.58
BGI_novel_G001960	母粒酮A合酶	2.46	4.22	2.10
Araip.40X13	15-顺式-植醇/全反式-植醇合酶	2.23	5.38	—
Araip.MNC08	类胡萝卜素裂解双加氧酶8	2.86	4.03	1.20
Araip.D2DUM	黄嘌呤脱氢酶	-1.83	-1.97	-2.15
Araip.RJ87T	9-顺式-β-胡萝卜素9',10'-裂解双加氧酶	1.13	2.65	—
Araip.AB0RD	胡萝卜素异构酶	—	-1.46	-1.18
Araip.D5CVZ	母粒酮A合酶	—	—	-1.45

（续表）

基因ID	注解	Ca_0+AMF/CK	Ca_6+AMF/CK	Ca_6-AMF/CK
BGI_novel_G003217	未知蛋白	-	2.96	-
Araip.3B5FU	辣椒红素/辣椒玉红素合酶	-	2.18	-
Araip.FA949	β-胡萝卜素异构酶	-	2.79	-

注：值代表与对照相比，在AMF或Ca^{2+}处理的植物中发生的显著变化。正比和负比分别表示基因上调和下调。-表示在$\log_2$倍数变化≥1和P≤0.05水平上无显著变化。

我们还观察了参与黄酮类生物合成的转录变化。编码黄酮类生物合成早期步骤中的查尔酮合酶的基因在有无Ca^{2+}处理下均下调。相比之下，一个编码莽草酸O-羟基肉桂酰转移酶的基因（*BGI_novel_G001027*）在有无Ca^{2+}处理下上调，且在有无Ca^{2+}处理的AMF植物中表达水平最高。然而，另一个编码莽草酸O-羟基肉桂酰转移酶的基因仅在Ca_6+AMF处理植物中特异性上调。此外，编码负责黄烷醇生物合成的黄酮醇合酶的基因（*Araip.6PA6C*）在Ca_6+AMF处理中特异性上调。

接下来，我们验证了类胡萝卜素和黄酮类相关基因的转录变化是否影响了它们各自的含量。如预期所料，Ca_0+AMF植物的总类胡萝卜素含量高于对照，且在Ca_6+AMF植物中最高，但在Ca_6-AMF植物中未发生变化（图6-5A）。然而，总黄酮含量在Ca_6+AMF处理下最高（图6-5B）。

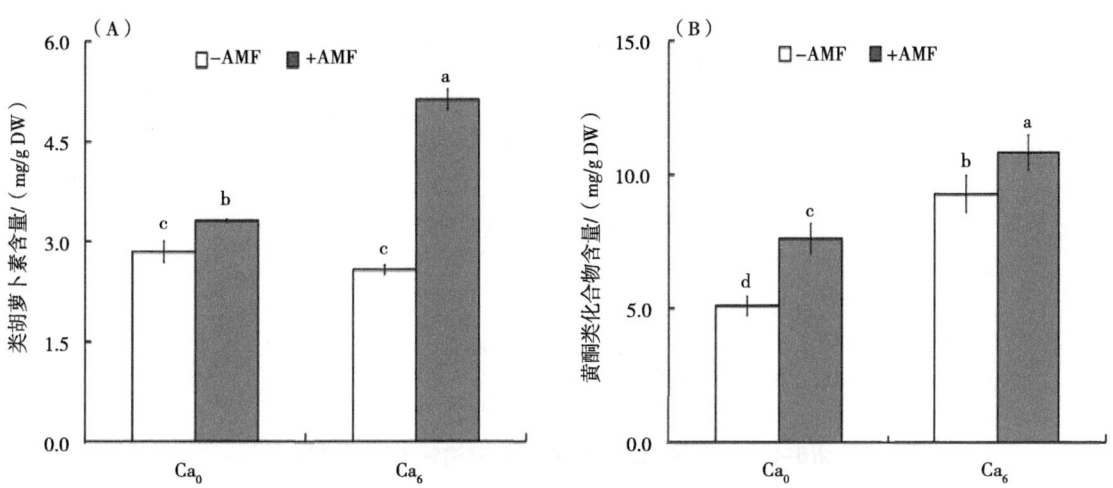

图6-5 花生幼苗根系中类胡萝卜素和黄酮类化合物的定量分析

注：在Ca^{2+}缺乏和充足条件下，测定了AMF植物和Non-AMF植物根系中的类胡萝卜素含量（A）和总黄酮含量（B）。条形图表示来自6株植物的平均值±标准差。字母表示处理与对照组之间的显著差异（单因素方差分析，$P<0.05$）。DW表示干重。

黄酮类化合物参与菌丝的生长和分枝（Scervino et al.，2005），反过来，AMF 也有利于苜蓿根部黄酮类化合物的生物合成和积累（Liu et al.，2007；Wulf et al.，2003）。这与我们的观察结果一致，即经 Ca^{2+} 处理后的丛枝菌根植物根部积累了更多的黄酮类化合物，这归因于 Ca^{2+} 诱导了更多 *DELLA* 基因的转录。*DELLA* 介导的信号传导参与调节花青素（黄酮类化合物的一种衍生物）的积累（Jiang et al.，2007）。此外，水杨酸的积累可以增加丛枝菌根植物中的黄酮类化合物含量（Gondor et al.，2016）。因此，在经 Ca^{2+} 处理的丛枝菌根植物中观察到了更多的黄酮类化合物。这些结果表明，Ca^{2+} 和丛枝菌根共生可能通过共享黄酮类化合物的生物合成途径来改善植物生长。

基于我们的研究，我们提出了一个调节激素水平、次生代谢以及最终影响丛枝菌根植物和钙处理植物生长的交互途径模型（图6-6）。在该模型中，丛枝菌根共生通过增加赤霉素、生长素（IAA）、水杨酸、类胡萝卜素和黄酮类化合物的含量来促进花生幼苗的生长。然而，外源 Ca^{2+} 处理仅通过提高赤霉素水平和黄酮类化合物含量来改善植物生长。丛枝菌根共生或钙处理植物中黄酮类化合物含量的增加可能是由于受调控的 *DELLA* 增强了黄酮类化合物的积累。所提出的模型揭示了丛枝菌根共生与 Ca^{2+} 的协同作用通过调节赤霉素和黄酮类化合物的生物合成来促进花生生长，但类胡萝卜素和水杨酸的生物合成特异地受丛枝菌根共生的调控。这些发现应在未来的研究中得到验证。

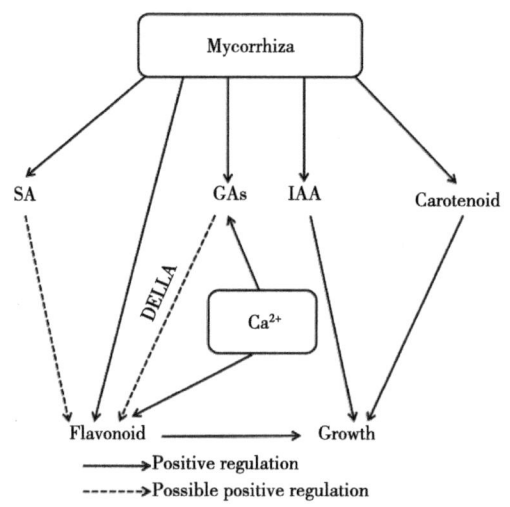

图6-6　AMF和 Ca^{2+} 调控花生根系途径的拟议模型

注：AMF共生增加了IAA、GAs、SA、类胡萝卜素和黄酮类化合物的含量。通过调节 *DELLA* 基因的转录和AMF植物中SA的增加，也积累了总黄酮。Ca^{2+} 施用仅增加GA和黄酮类化合物的含量。

第七章 盐碱地花生绿色高效生产技术集成与示范

一、集成盐碱地花生绿色高效生产技术

（一）创新性及应用前景

1. 创新性

引进先进的AMF技术，并通过项目实施完全实现了技术的国内生产，该技术在提升盐碱地中低产田生产潜力，实现绿色高效生产，具有很强的竞争优势。AMF菌剂与钙肥耦合，关键核心技术取得突破，利用共生真菌提高作物的抗盐碱能力，而且能减少化肥的投入，技术绿色环保，增产、提质、增效显著。在花生上推广应用为国内外首创。

2. 应用前景

技术适用范围：滨海盐碱地和内陆盐碱地。山东省是花生种植大省，但盐碱地花生面积小、产量低，一直缺乏高效绿色的生产技术。该技术突破了花生种植的土壤限制，而盐碱地资源的开发利用特别是黄河三角洲盐碱地资源利用已上升为国家战略。该技术市场规模巨大，在盐碱区域花生生产能力提升、农业结构调整、农民增收等领域具有广阔的应用前景。

（二）技术规程

1. 范围

本文件规定了轻度盐碱地花生绿色高效生产的技术程序和要求。

本文件适用于轻度盐碱地花生的生产。

2. 规范性引用文件

下列文件中的内容通过文中的规范性引用而构成本文件必不可少的条款。其中，注日期的引用文件，仅该日期对应的版本适用于本文件；不注日期的引用文件，其最新

版本（包括所有的修改单）适用于本文件。

　　GB 4407.2 经济作物种子　第2部分：油料类

　　GB 5084 农田灌溉水质标准

　　GB/T 8321（所有部分）农药合理使用准则

　　NY/T 496 肥料合理使用准则　通则

　　NY/T 855 花生产地环境技术条件

　　NY/T 1276 农药安全使用规范总则

　　NY/T 2393 主要虫害防治技术规程

　　NY/T 2394 花生主要病害防治技术规程

3. 术语和定义

下列术语和定义适用于本文件。

（1）轻度盐碱地 mild saline alkali land

含盐量在3‰以下的耕地。

（2）中度盐碱地 moderately saline alkali land

含盐量在3‰~6‰的耕地。

（3）重度盐碱地 severe saline alkali land

含盐量超过6‰的耕地。

（4）AMF菌剂 AMF bactericide

由AMF制成的活菌制剂。

4. 产地环境

产地环境应符合NY/T 855的要求，所选地块为轻度盐碱地，应有灌溉和排涝条件。

5. 播种前准备

（1）整地

应首先进行冬耕，在播种前30 d（4月初）灌水压盐后再进行春耕。

（2）施肥

结合整地一次性基施肥料，肥料施用应符合NY/T 496的要求。每亩施用腐熟有机肥1 500 kg，施用化肥：氮（N）8~10 kg，磷（P_2O_5）4~6 kg，钾（K_2O）6~8 kg，钙（CaO）6~8 kg。根据土壤养分缺失情况，适当施用硼、钼、铁、锌等微量元素肥料。

（3）品种选用

选用通过省或国家审（鉴、认）定或登记的耐盐碱、耐瘠性好、适应性广的中熟或中早熟花生品种。

（4）种子质量

种子质量应符合GB 4407.2的要求。

（5）种子处理

用AMF菌剂进行种子包衣，包衣后晾晒。

6. 播种与覆膜

（1）播期

①大花生宜在日平均地面以下5 cm地温稳定在15℃以上、小花生稳定在12℃以上时播种。

②盐碱地花生适期晚播，春花生适宜在5月上旬播种，夏直播花生宜在6月上旬抢时早播。

（2）土壤墒情

播种时土壤相对含水量以60%~70%为宜，耕作层土壤手握能成团，手搓较松散。若遇春旱，应小水润灌或喷灌造墒，不要大水漫灌，以免地温回升慢，造成花生烂种和窝苗。

（3）种植规格

起垄种植，垄距80~85 cm，垄高10 cm，垄上行距30~35 cm，单粒精播合理密植，种植密度15 000~18 000株/亩。

（4）机械播种覆膜

选用农艺性能优良的花生联合播种机，将花生起垄、播种、喷洒除草剂、覆膜、膜上压土等工序一次完成，播种规格同上。除草剂使用应符合GB/T 8321（所有部分）和NY/T 1276的要求。选用宽度85~90 cm、厚度0.008~0.01 mm的常规聚乙烯地膜或黑膜。

7. 田间管理

（1）撤土引苗

当花生出苗时，将膜上的覆土撤到垄沟内。连续缺穴的地方要补种。4叶期至开花前清理出地膜下面的侧枝。

（2）病虫害防治

①按照NY/T 2394的要求进行防治。应于病害发生前或发病初期（从始花期开始），用符合GB/T 8321（所有部分）和NY/T 1276要求的杀菌剂，每隔15 d左右叶面喷洒1次，连续喷3~4次。

②按照NY/T 2393的要求进行防治。棉铃虫、菜青虫、斜纹夜蛾等为害叶片时，应喷施符合GB/T 8321（所有部分）和NY/T 1276要求的杀虫剂，保证虫叶率不能超过5%。

（3）叶面施肥

生育中后期每亩叶面喷施2%~3%的尿素水溶液或0.2%~0.3%的磷酸二氢钾水溶液40 kg，连喷2次，间隔7~10 d，也可喷施经农业农村部或省级部门登记的其他叶面肥料。

（4）适时化控

结荚初期当主茎高度达到28~32 cm、叶片封垄前后，喷施符合GB/T 8321（所有部分）和NY/T 1276要求的生长调节剂，施药后10~15 d如果主茎高度超过40 cm可再喷施1次。

（5）灌溉与排涝

如果天气持续干旱，应在早上或傍晚进行喷灌，使土壤相对含水量达到60%~65%，灌溉用水符合GB 5084的要求。若持续下雨，应清沟排水。

8. 收获与晾晒

当80%以上荚果果壳硬化、网纹清晰、果壳内壁呈青褐色斑块时，及时收获、晾晒，将荚果含水量降到10%以下。收获后清除田间残膜。

二、示范应用

采用盐碱地花生绿色高效生产技术，在盐碱地建立花生绿色高效生产核心区77亩，平均亩产505.7 kg；建立示范区6 300亩，平均产量438.4 kg，3年平均节肥16.73%，增产20.52%；在东营、滨州、潍坊累计推广11.4万亩，3年累计增产增收3 149万元，节本2 518万元，增加经济效益5 667万元。

2019—2021年度分别在东营、潍坊、滨州等地建立盐碱地花生绿色高效生产技术核心区和示范区。根据山东省农业农村厅花生测产验收有关规定的测产验收办法在核心区、示范区进行测产验收。

2019年建立盐碱地花生绿色高效生产技术核心区15亩，示范区1 300亩，核心区平均亩产529.3 kg、示范区平均亩产474.25 kg，分别比对照田平均节肥18.3%、增产21.2%。2020年度在盐碱地进行花生绿色高效试验与示范。建立盐碱地花生绿色高效生产技术核心区30亩，示范区2 000亩，核心区平均亩产501.7 kg、示范区平均亩产429.9 kg，分别比对照田平均节肥16.25%、增产21.6%。2021年度在盐碱地进行花生绿色高效试验与示范，建立盐碱地花生绿色高效生产技术核心区32亩，示范区3 000亩。核心区平均亩产486.15 kg、示范区平均亩产410.95 kg，分别比对照田平均节肥15.65%、增产18.75%。

参考文献

陈永亮，陈保冬，刘蕾，等，2014. 丛枝菌根真菌在土壤氮素循环中的作用[J]. 生态学报，34（17）：4807-4815.

慈敦伟，杨吉顺，丁红，等，2018. 盐胁迫对花生植株形态建成及物质积累的影响[J]. 花生学报，17（1）：11-18.

崔利，郭峰，张佳蕾，等，2019. 摩西斗管囊霉改善连作花生根际土壤的微环境[J]. 植物生态学报，43（8）：718-728.

崔令军，刘瑜霞，林健，等，2020. 盐胁迫下丛枝菌根真菌对桢楠根系生长和激素的影响[J]. 南京林业大学学报（自然科学版），44（4）：119-124.

邓胤，申鸿，郭涛，2009. 丛枝菌根利用氮素研究进展[J]. 生态学报，29（10）：5627-5635.

董合忠. 2012. 滨海盐碱地棉花成苗的原理与技术[J]. 应用生态学报，23（2）：566-572.

冯固，白灯莎，杨茂秋，等，2000. 盐胁迫下AM真菌对玉米生长及耐盐生理指标的影响[J]. 作物学报（6）：743-750.

郭敏，王楠，付畅，2012. 植物根系耐盐机制的研究进展[J]. 生物技术通报（6）：7-12.

侯贺贺，王春堂，王晓迪，等，2014. 黄河三角洲盐碱地生物措施改良效果研究[J]. 中国农村水利水电（7）：1-6.

江彬，毕银丽，申慧慧，等，2017. 氮营养与AM真菌协同对玉米生长及土壤肥力的影响[J]. 江苏农业学报，33（2）：327-332.

金樑，陈国良，赵银，等，2007. 丛枝菌根对盐胁迫的响应及其与宿主植物的互作[J]. 生态环境（1）：228-233.

李胜宝，曹力，秦丽，等，2020. 丛枝菌根真菌对砂培玉米幼苗根系特征、光合生理与镉累积的影响[J]. 微生物学通报，47（11）：3822-3832.

刘润进，2017. 菌根真菌是唱响生物共生交响曲的主角——菌根真菌专辑序言[J]. 菌物学报（7）：791-799.

刘润进，唐明，陈应龙，2017. 菌根真菌与植物抗逆性研究进展[J]. 菌物研究，15（1）：70-88.

刘晓晖，2018. 花生空壳的原因及预防措施[J]. 中国农技推广，34（12）：52-53.

刘耀臣，王震，王策，等，2019. 丛枝菌根真菌对盐胁迫下芹菜生长和生理指标的影响[J]. 北方园艺（18）：47-51.

刘兆普，沈其荣，尹金来，1998. 滨海盐土农业[M]. 北京：中国农业科技出版社.

刘正祥，张华新，杨升，等，2014. NaCl胁迫对沙枣幼苗生长和光合特性的影响[J]. 林业科学，50（1）：32-40.

柳威，吴强盛，翟华芬，等，2010. 丛枝菌根真菌与土壤盐碱植物的关系[J]. 北方园艺（2）：226-228.

陆爽，郭欢，王绍明，等，2011. 盐胁迫下AM真菌对紫花苜蓿生长及生理特征的影响[J]. 水土保持学报，25（2）：227-231.

盛敏，唐明，张峰峰，等，2011. 盐胁迫下接种AM真菌对玉米耐盐性的影响[J]. 西北植物学报，31（2）：332-337.

史晓龙，张智猛，戴良香，等，2018. 外源施钙对盐胁迫下花生营养元素吸收与分配的影响[J]. 应用生态学报，29（10）：3302-3310.

孙秀秀，贺超兴，李衍素，等，2017. AM真菌对黄瓜根围土壤微生物群落功能的影响[J]. 菌物学报，36（7）：892-903.

唐悦，邓渊，薛红飞，等，2020. 丛枝菌根真菌对复合盐毒害下草莓根系拓扑结构的影响[J]. 中国果树（3）：76-80.

陶晶，邬奇峰，石江，等，2020. 间作与接种丛枝菌根真菌对新垦山地玉米产量和土壤肥力的影响[J]. 浙江农业学报，32（1）：115-123.

田家明，张智猛，戴良香，等，2018. 外源钙对盐碱土与非盐碱土花生生长发育与光合特性的影响[J]. 华北农学报，33（6）：130-136.

田家明，张智猛，戴良香，等，2019. 外源钙对盐碱土壤花生荚果生长及籽仁品质的影响[J]. 中国油料作物学报，41（2）：205-210.

万书波，2003. 中国花生栽培学[M]. 上海：上海科学技术出版社.

万书波，张佳蕾，2019. 中国花生产业降本增效新途径探讨[J]. 中国油料作物学报，41（5）：657-662.

汪晓红，郭绍霞，2018. 土壤养分含量对牡丹根区土壤中AM真菌分布的影响[J]. 青岛农业大学学报（自然科学版），35（4）：251-257，277.

王飞，何春梅，李清华，等，2013. 外源钙水平与花生下针期不同土壤水分对植株生理特性的影响[J]. 植物营养与肥料学报，19（3）：623-631.

参考文献

王文平，1998. 植物样品中游离氨基酸总量测定方法的改进[J]. 北京农学院学报（3）：9-13.

王相平，杨劲松，张胜江，等，2020. 石膏和腐植酸配施对干旱盐碱区土壤改良及棉花生长的影响[J]. 土壤，52（2）：327-332.

吴兰荣，陈静，许婷婷，等，2005. 花生全生育期耐盐鉴定研究[J]. 花生学报（1）：20-24.

吴强盛，邹英宁，王贵元，2007. 丛枝菌根真菌生态学研究进展[J]. 长江大学学报（自科版）农学卷（2）：76-80.

徐芬芬，2013. 干旱和盐复合逆境对芝麻种子萌发和幼苗生长的影响[J]. 吉林农业科学，38（4）：15-17.

杨凤平，2015. 花生秕粒空壳的主要原因及预防措施[J]. 中国农业信息（13）：31.

杨劲松，姚荣江，王相平，等，2022. 中国盐渍土研究：历程、现状与展望[J]. 土壤学报，59（1）：10-27.

于天一，王春晓，孙学武，等，2017. 碱胁迫对花生幼苗根系形态及干物质累积的影响[J]. 中国油料作物学报，39（2）：190-196.

于振兴，2015. 土壤盐胁迫下植物之间的相互作用及根系和丛枝菌根的影响[D]. 杭州：浙江大学.

岳海，何双凌，耿建建，等，2020. 水分胁迫下丛枝菌根真菌对澳洲坚果幼苗磷利用效率的影响[J]. 中国油料作物学报，42（2）：285-291.

宰学明，郝振萍，赵辉，等，2014. 丛枝菌根化滨梅苗的根际微生态环境[J]. 林业科学，50（1）：41-48.

张博文，穆青，刘登望，等. 2020. 施钙对瘠薄红壤旱地花生土壤理化性质的影响[J/OL]. 中国油料作物学报，42（3）：1-7.

张志良，瞿伟菁，2003. 植物生理学实验指导[M]. 3版. 北京：高等教育出版社.

赵军，许泽宏，2022. 不同氮形态对盐胁迫下玉米生长及生理特性的影响[J]. 江苏农业科学，50（11）：82-90.

赵仁竹，汤洁，梁爽，等，2015. 吉林西部盐碱田土壤蔗糖酶活性和有机碳分布特征及其相关关系[J]. 生态环境学报，24（2）：244-249.

赵鑫，赵丽丽，王普昶，等，2020. 内生真菌和丛枝菌根真菌提高植物逆境适应性研究进展[J]. 云南大学学报（自然科学版），42（3）：577-591.

朱芙蓉，周浓，杨敏，等，2020. 不同丛枝菌根真菌对滇重楼幼苗根际土壤养分的影响[J]. 中国实验方剂学杂志，26（22）：86-95.

ABDEL LATEF A H，CHAOXING H，2011. Effect of arbuscular mycorrhizal fungi on growth, mineral nutrition, antioxidant enzymes activity and fruit yield of tomato grown under salinity stress[J]. Scientia Horticulturae, 127（3）: 228-233.

ABDEL LATEF AH, HE C, 2014. Does inoculation with glomus mosseae improve salt tolerance in Pepper Plants?[J]. Journal of Plant Growth Regulation, 33（3）: 644-653.

ABDULLAH Z, KHAN M A, FLOWERS T J, 2001. Causes of sterility in seed set of rice under salinity stress[J]. Journal of Agronomy and Crop Science, 187（1）: 25-32.

ABEER H, ABD ALLAH E F, ALQARAWI A, et al., 2015. Arbuscular mycorrhizal fungi mitigates NaCl induced adverse effects on *Solanum lycopersicum* L[J]. Pakistan Journal of Botany, 47: 327-340.

ABROL I P, YADAV J S P, MASSOUD F I, 1988. Salt-affected Soils and Their Management[R]. In: FAO Soils Bulletin 39. Rome.

ADOLFSSON L, NZIENGUI H, ABREU I N, et al., 2017. Enhanced secondary- and hormone metabolism in leaves of arbuscular mycorrhizal *Medicago truncatula*[J]. Plant Physiology, 175: 392-411.

AGATI G, AZZARELLO E, POLLASTRI S, et al., 2012. Flavonoids as antioxidants in plants: Location and functional significance[J]. Plant Science, 196: 67-76.

AHANGER M A, AGARWAL R M, 2017. Salinity stress induced alterations in antioxidant metabolism and nitrogen assimilation in wheat（*Triticum aestivum* L）as influenced by potassium supplementation[J]. Plant Physiology and Biochemistry, 115: 449-460.

AMENSOUR M, SENDRA E, PÉREZ-ALVAREZ J A, et al., 2010. Antioxidant activity and chemical content of methanol and ethanol extracts from leaves of rockrose（*Cistus ladaniferus*）[J]. Plant Foods For Human Nutrition, 65（2）: 170-178.

ANDERSON R C, LIBERTA A E, 1992. Influence of supplemental inorganic nutrients on growth, survivorship, and mycorrhizal relationships of schizachyrium scoparium（Poaceae）grown in fumigated and unfumigated soil[J]. American Journal of Botany, 79: 406-414.

APEL K, HIRT H, 2004. Reactive oxygen species: metabolism, oxidative stress, and signal transduction[J]. Annual Review of Plant Biology, 55: 373-399.

APSE M P, BLUMWALD E, 2002. Engineering salt tolerance in plants[J]. Current Opinion in Biotechnology, 13（2）: 146-150.

ASHRAF M, HARRIS P J C, 2013. Photosynthesis under stressful environments: An overview[J]. Photosynthetica, 51（2）: 163-190.

AUGÉ R M, 2001. Water relations, drought and vesicular-arbuscular mycorrhizal symbiosis[J].

Mycorrhiza, 11（1）: 3-42.

BAGO B, PFEFFER P E, SHACHAR-HILL Y, 2000. Carbon metabolism and transport in arbuscular mycorrhizas[J]. Plant Physiology, 124: 949-958.

BAKER N, 2008. Chlorophyll Fluorescence: A probe of photosynthesis in vivo[J]. Annual Review of Plant Biology, 59: 89-113.

BASLAM M, ESTEBAN R, GARCÍA-PLAZAOLA J, et al., 2013. Effectiveness of arbuscular mycorrhizal fungi（AMF）for inducing the accumulation of major carotenoids, chlorophylls and tocopherol in green and red leaf lettuces[J]. Applied Microbiology and Biotechnology, 97: 3119-3128.

BASLAM M, GARMENDIA I, GOICOECHEA N, 2011. Arbuscular mycorrhizal fungi（AMF）improved growth and nutritional quality of greenhouse-grown lettue[J]. Journal of Agricultural and Food Chemistry, 59: 5504-5515.

BAYUELO-JIMÉNEZ J S, DEBOUCK D G, LYNCH J P, 2002. Salinity tolerance in phaseolus species during early vegetative growth[J]. Crop Science, 42（6）: 2184-2192.

BAZIHIZINA N, COLMER T D, CUIN T A, et al., 2019. Friend or foe? Chloride patterning in halophytes[J]. Trends in Plant Science, 24（2）: 142-151.

BEGARA-MORALES J C, SÁNCHEZ-CALVO B, CHAKI M, et al., 2015. Differential molecular response of monodehydroascorbate reductase and glutathione reductase by nitration and S-nitrosylation[J]. Journal of Experimental Botany, 66（19）: 5983-5996.

BEHERA S K, SRIVASTAVA P, TRIPATHI R, et al., 2010. Evaluation of plant performance of *Jatropha curcas* L. under different agro-practices for optimizing biomass-A case study[J]. Biomass and Bioenergy, 34（1）: 30-41.

BENAVÍDES M P, MARCONI P L, GALLEGO S M, et al., 2000. Relationship between antioxidant defence systems and salt tolerance in Solanum tuberosum[J]. Functional Plant Biology, 27（3）: 273-278.

BHUIYAN M, BANU M B, RAHMAN M, 2017. Assessment of arbuscular mycorrhizal association in some fruit and spice plants of Rangamati hill district[J]. Bangladesh J Agric Res, 42（2）: 221-232.

BOSE J, RODRIGO-MORENO A, SHABALA S, 2014. ROS homeostasis in halophytes in the context of salinity stress tolerance[J]. Journal of Experimental Botany, 65（5）: 1241-1257.

BOUWMEESTER H J, 2021. Plant lipids enticed fungi to mutualism[J]. Science, 372: 789-790.

CABANÉ M, AFIF D, HAWKINS S, 2012. Lignins and abiotic stresses[J]. Advances in Botanical Research, 61: 219-262.

CAPOEN W, SUN J, WYSHAM D, et al., 2011. Nuclear membranes control symbiotic calcium signaling of legumes[J]. Proceedings of the National Academy of Sciences of the United States of America, 108(34): 14348-14353.

CARTMILL A D, VALDEZ-AGUILAR L A, CARTMILL D L, et al., 2013, Arbuscular mycorrhizal colonization does not alleviate sodium chloride-salinity stress in vinca *Catharanthus roseus* (L.) G. don[J]. Journal of Plant Nutrition, 36: 164-178.

CARVALHO L M, CORREIA P M, MARTINS-LOUÇÃO M A, 2004. Arbuscular mycorrhizal fungal propagules in a salt marsh[J]. Mycorrhiza, 14: 165-170.

CATFORD J G, STAEHELIN C, LAROSE G, et al., 2006. Systemically suppressed isoflavonoids and their stimulating effects on nodulation and mycorrhization in alfalfa split-root systems[J]. Plant and Soil, 285: 257-266.

CHANDRASEKARAN M, BOUGHATTAS S, HU SHUIJIN, et al., 2014. A meta-analysis of arbuscular mycorrhizal effects on plants grown under salt stress[J]. Mycorrhiza, 24(8): 611-625.

CHARPENTIER M, SUN J H, WEN J Q, et al., 2014. Abscisic acids promotion of arbuscular mycorrhizal colonization requires a component of the PROTEIN PHOSPHATASE 2A complex[J]. Plant Physiology, 166: 2077-2090.

CHAWLA S, JAIN S, JAIN V, 2013. Salinity induced oxidative stress and antioxidant system in salt-tolerant and salt-sensitive cultivars of rice (*Oryza sativa* L.) [J]. Journal of Plant Biochemistry and Biotechnology, 22(1): 27-34.

CHEESEMAN J M, 1988. Mechanisms of salinity tolerance in plants[J]. Plant Physiology, 87(3): 547-550.

CHEN M, CHEN Q J, NIU X G, et al., 2007. Expression of *OsNHX1* gene in maize confers salt tolerance and promotes plant growth in the field[J]. Plant, Soil and Environment, 53: 490-498.

CHEN X, CHEN J, LIAO D, et al., 2022. Auxin-mediated regulation of arbuscualr mycorrhizal symbiosis: A role of SIGH3.4 in tomato[J]. Plant Cell and Environment, 45: 955-968.

CI D W, TANG Z H, DING H, et al., 2021. The synergy effect of arbuscular mycorrhizal fungi symbiosis and exogenous calcium on bacterial community composition and growth performance of peanut (*Arachis hypogaea* L.) in saline alkali soil[J]. Journal of

Microbiology, 59: 1-13.

CUI L, GUO F, ZHANG J L, et al., 2019. Arbuscular mycorrhizal fungi combined with exogenous calcium improves the growth of peanut (*Arachis hypogaea* L.) seedlings under continuous cropping [J]. Journal of Integrative Agriculture, 18(2): 407-416.

DE AZEVEDO NETO A D, PRISCO J T, ENÉAS-FILHO J, et al., 2006. Effect of salt stress on antioxidative enzymes and lipid peroxidation in leaves and roots of salt-tolerant and salt-sensitive maize genotypes[J]. Environmental and Experimental Botany, 56(1): 87-94.

DEINLEIN U, STEPHAN A B, HORIE T, et al., 2014. Plant salt-tolerance mechanisms[J]. Trends in Plant Science, 19(6): 371-379.

DING F, CHEN M, SUI N, 2010. Ca^{2+} significantly enhanced development and salt-secretion rate of salt glands of Limonium bicolor under NaCl treatment[J]. South African Journal of Botany, 76: 95-101.

DRISSNER D, KUNZE G, CALLEWAERT N, et al., 2007. Lyso-phosphatidylcholine is a signal in the arbuscular mycorrhizal symbiosis[J]. Science, 318: 265-267.

DUHAMEL M, PEL R, OOMS A, et al., 2013. Do fungivores trigger the transfer of protective metabolites from host plants to arbuscular mycorrhizal hyphae? [J] Ecology, 94: 2019-2029.

ELGHARABLY A, NAFADY N A, 2021. Inoculation with Arbuscular mycorrhizae, Penicillium funiculosum and Fusarium oxysporum enhanced wheat growth and nutrient uptake in the saline soil[J]. Rhizosphere, 18: 100345.

ESTRADA B, AROCA R, BAREA J M, et al., 2013a. Native arbuscular mycorrhizal fungi isolated from a saline habitat improved maize antioxidant systems and plant tolerance to salinity[J]. Plant Science, 201-202: 42-51.

ESTRADA B, AROCA R, MAATHUIS F J M, et al., 2013b. Arbuscular mycorrhizal fungi native from a Mediterranean saline area enhance maize tolerance to salinity through improved ion homeostasis[J]. Plant, Cell & Environment, 36(10): 1771-1782.

EVELIN H, GIRI B, KAPOOR R, 2013. Ultrastructural evidence for AMF mediated salt stress mitigation in Trigonella foenum-graecum[J]. Mycorrhiza, 23(1): 71-86.

EVELIN H, KAPOOR R, 2014. Arbuscular mycorrhizal symbiosis modulates antioxidant response in salt-stressed Trigonella foenum-graecum plants[J]. Mycorrhiza, 24(3): 197-208.

EVELIN H, KAPOOR R, GIRI B, 2009. Arbuscular mycorrhizal fungi in alleviation of salt stress: a review[J]. Annals of Botany, 104(7): 1263-1280.

FARHANGI-ABRIZ S, TORABIAN S, 2018. Biochar improved nodulation and nitrogen metabolism of soybean under salt stress[J]. Symbiosis, 74（3）：215-223.

FAROOQ M, HUSSAIN M, WAKEEL A, et al., 2015. Salt stress in maize：effects, resistance mechanisms, and management. A review[J]. Agronomy for Sustainable Development, 35（2）：461-481.

FAROOQ M, WAHID A, KOBAYASHI N, et al., 2009. Plant drought stress：effects, mechanisms and management[J]. Agronomy for Sustainable Development, 29（1）：185-212.

FERNÁNDEZ I, MERLOS M, LÓPEZ-RÁEZ J A, et al., 2014. Defense related phytohormones regulation in arbuscular mycorrhizal symbioses depends on the partner genotypes[J]. Journal of Chemical Ecology, 40：791-803.

FILECCIA V, RUISI P, INGRAFFIA R, et al., 2017. Arbuscular mycorrhizal symbiosis mitigates the negative effects of salinity on durum wheat[J]. Plos One, 12（9）：e0184158.

FITZE D, WIEPNING A, KALDORF M, et al., 2005. Auxins in the development of an arbuscular mycorrhizal symbiosis in maize[J]. Journal of Plant Physiology, 162：1210-1219.

FLOWERS T J, COLMER T D. 2008. Salinity tolerance in halophytes [J]. New Phytologist, 179（4）：945-963.

FOO E, ROSS J J, JONES W T, et al., 2013. Plant hormones in arbuscular mycorrhizal symbiosis：An emerging role for gibberellins[J]. Annals of Botany, 111：769-779.

FRENCH K E, 2017. Engineering mycorrhizal symbioses to alter plant metabolism and improve crop health[J]. Frontiers in Microbiology, 8：1403.

FUKAKI H, TASAKA M, 2009. Hormone interactions during lateral root formation[J]. Plant Molecular Biology, 69：437-449.

GARCÍA G, CLEMENTE-MORENO M J, DÍAZ-VIVANCOS P, et al., 2020. The Apoplastic and symplastic antioxidant system in onion：response to long-term salt stress[J]. Antioxidants, 9（1）：67.

GARCIA K, DOIDY J, ZIMMERMANN S D, et al., 2017. Take a trip through the plant and fungal transportome of mycorrhiza[J]. Trends Plant Sciences, 21（11）：937-950.

GARG N, BHANDARI P, 2016a. Interactive effects of silicon and arbuscular mycorrhiza in modulating ascorbate-glutathione cycle and antioxidant scavenging capacity in differentially salt-tolerant *Cicer arietinum* L. genotypes subjected to long-term salinity[J]. Protoplasma, 253（5）：1325-1345.

GARG N, BHANDARI P, 2016b. Silicon nutrition and mycorrhizal inoculations improve growth, nutrient status, K^+/Na^+ ratio and yield of *Cicer arietinum* L. genotypes under salinity stress[J]. Plant Growth Regulation, 78 (3): 371-387.

GARG N, NOOR Z, 2009. Genotypic differences in plant growth, osmotic and antioxidative defence of *Cajanus cajan* (L.) Millsp. modulated by salt stress[J]. Archives of Agronomy and Soil Science, 55 (1): 3-33.

GARG N, PANDEY R, 2016c. High effectiveness of exotic arbuscular mycorrhizal fungi is reflected in improved rhizobial symbiosis and trehalose turnover in Cajanus cajan genotypes grown under salinity stress[J]. Fungal Ecology, 21: 57-67.

GAUDE N, BORTFELD S, ERBAN A, et al., 2015. Symbiosis dependent accumulation of primary metabolites in arbuscule-containing cells[J]. BMC Plant Biology, 15: 234.

GE O, 2013. Speak, friend, and enter: signalling systems that promote beneficial symbiotic associations in plants[J]. Nature Reviews Microbiology, 11: 252-263.

GENGMAO Z, YU H, XING S, et al., 2015. Salinity stress increases secondary metabolites and enzyme activity in safflower[J]. Industrial Crops and Products, 64: 175-181.

GERLACH N, SCHMITZ J, POLATAJKO A, et al., 2015. An integrated functional approach to dissect systemic responses in maize to arbuscular mycorrhizal symbiosis[J]. Plant Cell and Environment, 38: 1591-612.

GIASSON P, KARAM A, JAOUICH A, 2008. Arbuscular mycorrhizae and alleviation of soil stresses on plant growth[C] // Mycorrhizae: Sustainable Agriculture and Forestry. Springer.

GILL S S, TUTEJA N, 2010. Reactive oxygen species and antioxidant machinery in abiotic stress tolerance in crop plants[J]. Plant Physiology And Biochemistry, 48 (12): 909-930.

GILROY S, BIAŁASEK M, SUZUKI N, et al., 2016. ROS, Calcium, and Electric Signals: Key Mediators of Rapid Systemic Signaling in Plants[J]. Plant Physiology, 171 (3): 1606-1615.

GONDOR O K, JANDA T, SOÓS V, et al., 2016. Salicylic acid induction of flavonoid biosynthesis pathways in wheat varies by treatment[J]. Front in Plant Science, 7: 1447.

GONG X, CHAO L, ZHOU M, et al., 2011. Oxidative damages of maize seedlings caused by exposure to a combination of potassium deficiency and salt stress[J]. Plant and Soi, 340 (s1-2): 443-452.

GOVINDARAJULU M, PFEFFER P E, JIN H R, et al., 2005. Nitrogen transfer in the arbuscular mycorrhizal symbiosis[J]. Nature, 435: 819-823.

GUENOUNE D, GALILI S, PHILIPS D A, et al., 2001. The defense response elicited by the pathogen Rhizoctonia solani is suppressed by colonization of the AM-fungus Glomus intraradices[J]. Plant Science, 160: 925-932.

GUPTA R, KRISHNAMURTHY K V, 1996. Response of mycorrhizal and nonmycorrhizal Arachis hypogaea to NaCl and acid stress[J]. Mycorrhiza, 6: 145-149.

GUTJAHR C, PASZKOWSKI U, 2009. Weights in the balance: Jasmonic acid and salicylic acid signaling in root-biotroph interactions[J]. Molecular Plant (Microbe Interactions), 22: 763-772.

GUTJAHR C, SIEGLER H, HAGA K, et al., 2015. Full establishment of arbuscular mycorrhizal symbiosis in rice occurs independently of enzymatic jasmonate biosynthesis[J]. PLoS ONE, 10: e0123422.

HABTE M, SOEDARJO M, 1995. Limitation of vesicular-arbuscular mycorrhizal activity in Leucaena leucocephala by Ca insufficiency in an acid Mn-rich oxisol[J]. Mycorrhiza, 5: 387-394.

HAFNER S, WIESENBERG G L B, STOLNIKOVA E, et al., 2014. Spatial distribution and turnover of root-derived carbon in alfalfa rhizosphere depending on top- and subsoil properties and mycorrhization[J]. Plant and Soil, 380: 101-115.

HAO S H, WANG Y R, YAN Y X, et al., 2021. A review on plant responses to salt stress and their mechanisms of salt resistance[J]. Horticulturae, 7(6): 132.

HARRISON M J, 1993. Isoflavonoid accumulation and expression of defense gene transcript during the establishment of vesicular-arbuscular mycohhizal associations in roots of Medicago truncatula[J]. Molecular Plant (Microbe Interactions), 6: 643.

HAUSE B, MROSK C, ISAYENKOV S, et al., 2007. Jasmonates in arbuscular mycorrhizal interactions[J]. Phytochemistry, 68: 101-110.

HAUSER F, HORIE T, 2010. A conserved primary salt tolerance mechanism mediated by HKT transporters: a mechanism for sodium exclusion and maintenance of high K^+/Na^+ ratio in leaves during salinity stress[J]. Plant, Cell & Environment, 33(4): 552-565.

HE Y, CHEN Y, YU C L, et al., 2016. Photosynthesis and yield traits in different soybean lines in response to salt stress[J]. Photosynthetica, 54(4): 630-635.

HESSINI K, MARTÍNEZ J P, GANDOUR M, et al., 2009. Effect of water stress on growth, osmotic adjustment, cell wall elasticity and water-use efficiency in Spartina alterniflora[J]. Environmental and Experimental Botany, 67(2): 312-319.

HILDEBRANDT T, NUNES-NESI A, ARAUJO W, et al., 2015. Amino acid catabolism in plants[J]. Molecular Plant, 8: 1563-1579.

HODGES D M, DELONG J M, FORNEY C F, et al., 1999. Improving the thiobarbituric acid-reactive-substances assay for estimating lipid peroxidation in plant tissues containing anthocyanin and other interfering compounds[J]. Planta, 207 (4): 604-611.

HOFF T, STUMMANN B M, HENNINGSEN K W, 1992. Structure, function and regulation of nitrate reductase in higher plants[J]. Physiologia Plantarum, 84 (4): 616-624.

HOSODA R, HAMADA H, UESUGI D, et al., 2021. Different antioxidative and antiapoptotic effects of piceatannol and resveratrol[J]. The Journal of Pharmacology and Experimental Therapeutics, 376: 385-396.

HU W T, ZHANG H Q, CHEN H, et al., 2017. Arbuscular mycorrhizas influence Lycium barbarum tolerance of water stress in a hot environment[J]. Mycorrhiza, 27 (5): 451-463.

HU Y, SCHMIDHALTER U, 2005. Drought and salinity: A comparison of their effects on mineral nutrition of plants[J]. Journal of Plant Nutrition and Soil Science, 168 (4): 541-549.

HUANG Z, HE C X, HE Z Q, et al., 2010. The effects of arbuscular mycorrhizal fungi on reactive oxyradical scavenging system of tomato under salt tolerance[J]. Agricultural Sciences in China, 9 (8): 1150-1159.

HUSSIN S, GEISSLER N, KOYRO H W, 2013. Effect of NaCl salinity on *Atriplex nummularia* (L.) with special emphasis on carbon and nitrogen metabolism[J]. Acta Physiologiae Plantarum, 35 (4): 1025-1038.

INDERJIT, DUKE S O, 2003. Ecophysiological aspects of allelopathy[J]. Planta, 217 (4): 529-539.

JAFFE L A, WEISENSEEL M H, JAFFE L F, 1975. Calcium accumulations within the growing tips of pollen tubes[J]. Journal of Cell Biology, 67: 488-492.

JAIN M, PATHAK B P, HARMON A C, et al., 2011. Calcium dependent protein kinase (CDPK) expression during fruit development in cultivated peanut (*Arachis hypogaea*) under Ca^{2+}-sufficient and -deficient growth regimens[J]. Plant Physiology, 168 (18): 2272-2277.

JARSTFER A G, FARMERKOPPENOL P, SYLVIA D M, 1998 Tissue magnesium and calcium affect arbuscular mycorrhiza development and fungal reproduction[J]. Mycorrhiza, 7: 237-242.

JENTSCHEL K, THIEL D, REHN F, et al., 2007. Arbuscular mycorrhiza enhances auxin levels and alters auxin biosynthesis in Tropaeolum majus during early stages of colonization[J]. Physiologia Plantarum, 129: 320-333.

JI H, PARDO J M, BATELLI G, et al., 2013. The salt overly sensitive (SOS) Pathway: established and emerging roles[J]. Molecular Plant, 6 (2): 275-286.

JIANG C, GAO X, LIAO L, et al., 2007. Phosphate starvation root architecture and anthocyanin accumulation responses are modulated by the gibberellin-DELLA signaling pathway in Arabidopsis[J].Plant Physiology, 145(4): 1460-1470.

JIN L, WANG Q, WANG Q, et al., 2017. Mycorrhizal-induced growth depression in plants[J]. Symbiosis, 72: 81-88.

JUNG J K, MCCOUCH S R, 2013. Getting to the roots of it: Genetic and hormonal control of root architecture[J]. Frontiers in Plant Science, 4: 00186.

JUNG S C, MARTÍNEZ-MEDINA A, LÓPEZ-RÁEZ J A, et al., 2012. Mycorrhiza-induced resistance and priming of plant defenses[J]. Journal of Chemical Ecology, 38: 651-664.

KAPOOR R, SHARMA D, BHATNAGAR A K, 2008. Arbuscular mycorrhizae in micropropagation systems and their potential applications[J]. Scientia Horticulturae, 116(3): 227-239.

KAUR S, CAMPBELL B J, SUSEELA V, 2022. Root metabolome of plant-arbuscular mycorrhizal symbiosis mirrors the mutualistic or parasitic mycorrhizal phenotype[J]. New Phytologist, 234: 672-687.

KAUR S, SUSEELA V, 2020. Unraveling arbuscular mycorrhiza-induced changes in plant primary and secondary metabolome[J]. Metabolites, 10: 335.

KAYA C, TUNA A, OKANT M, 2010. Effect of foliar applied kinetin and indole acetic acid on maize plants grown under saline conditions[J]. Turkish Journal of Agriculture and Forestry, 34(6): 529-538.

KEYMER A, PIMPRIKAR P, WEWER V, et al., 2017. Lipid transfer from plants to arbuscular mycorrhiza fungi[J]. Elife, 6: e29107.

KHAN H A, SIDDIQUE K H M, MUNIR R, et al., 2015. Salt sensitivity in chickpea: Growth, photosynthesis, seed yield components and tissue ion regulation in contrasting genotypes[J]. Journal of Plant Physiology, 182: 1-12.

KHAN H, SIDDIQUE K, COLMER T, 2017. Vegetative and reproductive growth of salt-stressed chickpea are carbon-limited: Sucrose infusion at the reproductive stage improves salt tolerance[J]. Journal of Experimental Botany, 68: 2001-2011.

KHAN N, SHABINA S, MASOOD A, et al., 2010. Application of salicylic acid increases contents of nutrients and antioxidative metabolism in mungbean and alleviates adverse effects of salinity stress[J]. International Journal of Plant Biology, 1(1): e1.

KHODARAHMPOUR Z, IFAR M, MOTAMEDI M, 2011. Effects of NaCl salinity on maize (*Zea mays* L.) at germination and early seedling stage[J]. African Journal of Biotechnology, 11(2): 298-304.

KIRKBY E A, PILBEAM D J, 1984. Calcium as a plant nutrient[J]. Plant, Cell &

Environment, 7: 397-405.

KONG L, ZHANG Y, YE Z Q, et al., 2007. CPC: assess the protein-coding potential of transcripts using sequence features and support vector machine[J]. Nucleic Acids Research, 35: 345-349.

KRIEGSHAUSER L, KNOSP S, GRIENENBERGER E, et al., 2021. Function of the hydroxycinnamoyl-coa: shikimate hydroxycinnamoyl transferase is evolutionarily conserved in embryophytes[J]. Plant Cell, 33 (5): 1472-1491.

KUDO T, KIBA T, SAKAKIBARA H, 2010. Metabolism and long-distance translocation of cytokinins[J]. Journal of Integrative Plant Biology, 52: 53-60.

KUMAR M, GOVINDASAMY V, RANE J, et al., 2017. Canopy temperature depression (CTD) and canopy greenness associated with variation in seed yield of soybean genotypes grown in semi-arid environment[J]. South African Journal of Botany, 113: 230-238.

LANFRANCO L, FIORILLI V, GUTJAHR C, 2018. Partner communication and role of nutrients in the arbuscular mycorrhizal symbiosis[J]. New Phytologist, 220: 1031-1046.

LAPLAZE L, BENKOVA E, CASIMIRO I, et al., 2007. Cytokinins act directly on lateral root founder cells to inhibit root initiation[J]. Plant Cell, 19 (12): 3889-3900.

LAROSE G, CHÊNEVERT R, MOUTOGLIS P, et al., 2002. Flavonoid levels in roots of Medicago sativa are modulated by the developmental stage of the symbiosis and the root colonizing arbuscular mycorrhizal fungus[J]. Journal of Plant Physiology, 159: 1329-1339.

LEI B, HUANG Y, XIE J, et al., 2014. Increased cucumber salt tolerance by grafting on pumpkin rootstoch and after application of calcium[J]. Biol Plantarum, 58: 179-184.

LÉVY J, BRES C, GEURTS R, et al., 2004. A putative Ca^{2+} and calmodulin-dependent protein kinase required for bacterial and fungal symbioses[J]. Science, 303 (5662): 1361-1364.

LI Z, PENG D D, ZHANG X Q, et al., 2017. Na^+ induces the tolerance to water stress in white clover associated with osmotic adjustment and aquaporins-mediated water transport and balance in root and leaf[J]. Environmental and Experimental Botany, 144: 11-24.

LIAO D H, WANG S S, CUI M M, et al., 2018. Phytohormones regulate the development of arbuscular mycorrhizal symbiosis[J]. International Journal of Molecular Sciences, 19: 3146.

LIU J, MALDONADO-MENDOZA I, LOPEZ-MEYER M, et al., 2007. Arbuscular mycorrhizal symbiosis is accompanied by local and systemic alterations in gene expression and an increase in disease resistance in the shoots[J]. The Plant Journal, 50 (3): 529-544.

LOHSE S, SCHLIEMANN W, AMMER C, et al., 2005. Organization and metabolism of plastids and mitochondria in arbuscular mycorrhizal roots of Medicago truncatula[J]. Plant Physiology, 139: 329-340.

LØVDAL T, OLSEN K M, SLIMESTAD R, et al., 2010. Synergetic effects of nitrogen depletion, temperature, and light on the content of phenolic compounds and gene expression in leaves of tomato[J]. Phytochemistry, 71 (5): 605-613.

LUGINBUEHL L H, MENARD G N, KURUP S, 2017. Fatty acids in arbuscular mycorrhizal fungi are synthesized by the host plant[J]. Science, 356: 6343.

LUISA L, VALENTINA F, CAROLINE G, 2018. Partner communication and role of nutrients in the arbuscular mycorrhizal symbiosis[J]. New Phytologist, 220: 1031-1046.

LUO W Q, LI J, MA X N, et al., 2019. Effect of arbuscular mycorrhizal fungi on uptake of selenate, selenite, and selenomethionine by roots of winter wheat[J]. Plant and Soil, 438: 71-83.

LUO Z B, JANZ D, JIANG X, et al., 2009. Upgrading root physiology for stress tolerance by ectomycorrhizas: Insights from metabolite and transcriptional profiling into reprogramming for stress anticipation[J]. Plant Physiology, 151: 1902-1917.

MA J, WANG W, YANG J, et al., 2022. Mycorrhizal symbiosis promotes the nutrient content accumulation and affects the root exudates in maize[J]. BMC Plant Biology, 22: 64.

MACLEAN A M, BRAVO A, HARRISON M J, 2017. Plant signaling and metabolic pathways enabling arbuscular mycorrhizal symbiosis[J]. The Plant Cell, 29: 2319-2335.

MANE A, KARADGE B S S, 2010. Salinity induced changes in photosynthetic pigments and polyphenols of *Cymbopogon Nardus* (L.) Rendle[J]. Journal of Chemical and Pharmaceutical Research, 2: 338-347.

MARSCHNER H, DELL B, 1994. Nutrient uptake in mycorrhizal symbiosis[J]. Plant and Soil, 159 (1): 89-102.

MARTÍN-RODRÍGUEZ J A, HUERTAS R, HO-PLÁGARO T, et al., 2016. Gibberellin-abscisic acid balances during arbuscular mycorrhiza formation in tomato[J]. Front in Plant Science, 7: 1273.

MÄSER P, HOSOO Y, GOSHIMA S, et al., 2002. Glycine residues in potassium channel-like selectivity filters determine potassium selectivity in four-loop-per-subunit HKT transporters from plants[J]. Proceedings of the National Academy of Sciences of the United States of America, 99 (9): 6428-6433.

MCHUGH J M, DIGHTON J, 2004. Influence of mycorrhizal inoculation, inundation period, salinity, and phosphorus availability on the growth of two salt marsh grasses,

Spartina alterniflora Lois. and *Spartina cynosuroides* (L.) Roth., in nursery systems[J]. Restoration Ecology, 12: 533-545.

MEDINA M H, 2003. Root colonization by arbuscular mycorrhizal fungi is affected by the salicylic acid content of the plant[J]. Plant Science, 164: 993-998.

MOMOH E J J, ZHOU W J, KRISTIANSSON B, 2002. Variation in the development of secondary dormancy in oilseed rape genotypes under conditions of stress[J]. Weed Research, 42 (6): 446-455.

MOSTAFAVI K, 2012. Effect of salt stress on germination and early seedling growth stage of sugar beet cultivars[J]. American-Eurasian Journal of Sustainable Agriculture, 34: 120-125.

MUNNS R, 2002. Comparative physiology of salt and water stress[J]. Plant, Cell & Environment, 25 (2): 239-250.

MUNNS R, JAMES R A, 2003. Screening methods for salinity tolerance: a case study with tetraploid wheat[J]. Plant and Soil, 253 (1): 201-218.

MUNNS R, JAMES R A, GILLIHAM M, et al., 2016. Tissue tolerance: an essential but elusive trait for salt-tolerant crops[J]. Functional Plant Biology, 43 (12): 1103-1113.

MURAT A, TURAN M, AWADELKARIM A, et al., 2010. Effect of salt stress on growth and ion distribution and accumulation in shoot and root of maize plant[J]. African Journal of Agricultural Research, 5: 584-588.

MURCHIE E H, LAWSON T, 2013. Chlorophyll fluorescence analysis: a guide to good practice and understanding some new applications[J]. Journal of Experimental Botany, 64 (13): 3983-3998.

OCON A, HAMPP R, REQUENA N, 2007. Trehalose turnover during abiotic stress in arbuscular mycorrhizal fungi[J]. New Phytologist, 174: 879-891.

OLDROYD G E D, HARRISON M J, PASZKOWSKI U, 2009. Reprogramming plant cells for endosymbiosis[J]. Science, 324: 753-754.

PAN J, PENG F, TEDESCHI A, et al., 2020. Do halophytes and glycophytes differ in their interactions with arbuscular mycorrhizal fungi under salt stress? A meta-analysis[J]. Botanical Studies, 61 (1): 13.

PAN S, WANG Y, QIU Y P, et al., 2000. Nitrogen-induced acidification, not N-nutrient, dominates suppressive N effects on arbuscular mycorrhizal fungi[J]. Global Change Biology, 26 (11): 6568-6580.

PFEFFER P E, DOUDS D D, BÉCARD G, et al., 1999. Carbon uptake and the metabolism and transport of lipids in an arbuscular mycorrhiza[J]. Plant Physiology, 120: 587-598.

PIMPRIKAR P, CARBONNEL S, PARIES M, et al., 2016. A CCaMK-CYCLOPS-DELLA complex activates transcription of RAM1 to regulate arbuscule branching[J]. Current Biology, 26（8）: 987-998.

PISTELL L, ULIVIERI V, GIOVANELLI S, et al., 2017. Arbuscular mycorrhizal fungi alter the content and composition of secondary metabolites in *Bituminaria bituminosa* L. [J]. Plant Biology, 19: 926-933.

PONS S, FOURNIER S, CHERVIN C, et al., 2020. Phytohormone production by the arbuscular mycorrhizal fungus Rhizophagus irregularis[J]. PLoS ONE, 15: e0240886.

PORCEL R, AROCA R, AZCON R, et al., 2016. Regulation of cation transporter genes by the arbuscular mycorrhizal symbiosis in rice plants subjected to salinity suggests improved salt tolerance due to reduced Na^+ root-to-shoot distribution[J]. Mycorrhiza, 26（7）: 673-684.

PORCEL R, REDONDO-GÓMEZ S, MATEOS-NARANJO E, et al., 2015. Arbuscular mycorrhizal symbiosis ameliorates the optimum quantum yield of photosystem Ⅱ and reduces non-photochemical quenching in rice plants subjected to salt stress[J]. Journal of Plant Physiology, 185: 75-83.

POZO M J, LÓPEZ-RÁEZ J A, AZCÓN-AGUILAR C, et al., 2015. Phytohormones as integrators of environmental signals in the regulation of mycorrhizal symbioses[J]. New Phytologist, 205: 1431-1436.

PÜHLER A, BECKER A, 2005. Overlaps in the transcriptional profiles of medicago truncatula roots inoculated with two different glomus fungi provide insights into the genetic program activated during arbuscular mycorrhiza[J]. Plant Physiology, 137: 1283-1301.

QIN W, YAN H, ZOU B, et al., 2021. Arbuscular mycorrhizal fungi alleviate salinity stress in peanut: Evidence from pot-grown and field experiments[J]. Food and Energy Security, 10: e314.

QU C, LIU C, GONG X, et al., 2012. Impairment of maize seedling photosynthesis caused by a combination of potassium deficiency and salt stress[J]. Environmental and Experimental Botany, 75: 134-141.

RICE-EVANS C A, MILLER N J, PAGANGA G, 1996. Structure-antioxidant activity relationships of flavonoids and phenolic acids[J]. Free Radical Biology and Medicine, 20（7）: 933-956.

RICH M K, NOURI E, COURTY P E, et al., 2017. Diet of arbuscular mycorrjizal fungi: Bread and butter[J]. Trends in Plant Science, 22: 652-660.

RICH M K, VIGNERON N, LIBOUREL C, et al., 2021. Lipid exchanges drove the evolution of mutualism during plant terrestrialization[J]. Science, 372: 864-868.

RIVERO J, GAMIR J, AROCA R, et al., 2015. Metabolic transition in mycorrhizal tomato roots[J]. Frontiers in Microbiology, 23: 598.

ROMERO-ARANDA R, SORIA T, CUARTERO J, 2001. Tomato plant-water uptake and plant-water relationships under saline growth conditions[J]. Plant Science, 160(2): 265-272.

RUAN Y L, 2014. Sucrose Metabolism: Gateway to diverse carbon use and sugar signaling[J]. Annual Review of Plant Biology, 65: 33-67.

RUIZ-LOZANO J M, PORCEL R, AZCÓN C, et al., 2012. Regulation by arbuscular mycorrhizae of the integrated physiological response to salinity in plants: new challenges in physiological and molecular studies[J]. Journal of Experimental Botany, 63(11): 4033-4044.

RUIZ-SÁNCHEZ M, AROCA R, MUÑOZ Y, et al., 2010. The arbuscular mycorrhizal symbiosis enhances the photosynthetic efficiency and the antioxidative response of rice plants subjected to drought stress[J]. Journal of Plant Physiology, 167(11): 862-869.

SADDHE A A, MANUKA R, PENNA S, 2021. Plant sugars: Homeostasis and transport under abiotic stress in plants[J]. Physiologia Plantarum, 171(4): 739-755.

SAIRAM R K, RAO K V, SRIVASTAVA G C, 2002. Differential response of wheat genotypes to long term salinity stress in relation to oxidative stress, antioxidant activity and osmolyte concentration[J]. Plant Science, 163(5): 1037-1046.

SAMARAH N H, ALQUDAH A M, AMAYREH J A, et al., 2009. The effect of late-terminal drought stress on yield components of four barley cultivars[J]. Journal of Agronomy and Crop Science, 195(6): 427-441.

SARKAR D, SUD K C, 2005. The role of calcium nutrition in potato (*Solanum tuberosum*) microplants in relation to minimal growth over prolonged storage in vitro[J]. Plant Cell Tissue and Organ Culture, 81: 221-227.

SAWERS R J, SVANE S F, QUAN C, et al., 2017. Phosphorus acquisition efficiency in arbuscular mycorrhizal maize is correlated with the abundance of root-external hyphae and the accumulation of transcripts encoding PHT1 phosphate transporters[J]. New Phytologist, 214(2): 632-643.

SAWERS R, 2011. Progress and challenges in agricultural applications of arbuscular mycorrhizal fungi[J]. Critical Reviews in Plant Sciences, 30: 459-470.

SCERVINO J M, PONCE M A, ERRA-BASSELLS R, et al., 2005. Flavonoids exhibit fungal species and genus specific effects on the presymbiotic growth of Gigaspora and

Glomus[J]. Mycological Research, 109: 789-794.

SCHLIEMANN W, AMMER C, STRACK D, 2008. Metabolite profiling of mycorrhizal roots of Medicago truncatula[J]. Phytochemistry, 69: 112-146.

SERRANO R, MULET J M, RIOS G, et al., 1999. A glimpse of the mechanisms of ion homeostasis during salt stress[J]. Journal of Experimental Botany, 50: 1023-1036.

SHAHZAD M, WITZEL K, ZÖRB C, et al., 2012. Growth related changes in subcellular ion patterns in maize leaves (Zea mays L.) under salt stress[J]. Journal of Agronomy and Crop Science, 198(1): 46-56.

SHAO Q, SHU S, DU J, et al., 2015. Effects of NaCl stress on nitrogen metabolism of cucumber seedlings[J]. Russian Journal of Plant Physiology, 62: 595-603.

SHENG M, TANG M, CHEN H, et al., 2008. Influence of arbuscular mycorrhizae on photosynthesis and water status of maize plants under salt stress[J]. Mycorrhiza, 18(6): 287-296.

SHENG M, TANG M, CHEN H, et al., 2009. Influence of arbuscular mycorrhizae on the root system of maize plants under salt stress[J]. Canadian Journal of Microbiology, 55: 879-886.

SHENG M, TANG M, ZHANG F, et al., 2011. Influence of arbuscular mycorrhiza on organic solutes in maize leaves under salt stress[J]. Mycorrhiza, 21(5): 423-430.

SICILIANO V, BONFANTE P, 2007. Transcriptome analysis of arbuscular mycorrhizal roots during development of the prepenetration apparatus[J]. Plant Physiology, 144: 1455-1466.

SLAMA I, ABDELLY C, BOUCHEREAU A, et al., 2015. Diversity, distribution and roles of osmoprotective compounds accumulated in halophytes under abiotic stress[J]. Annals of Botany, 115(3): 433-447.

SMITH S E, GIANINAZZI-PEARSON V, 1990. Phosphate uptake and arbuscular activity in mycorrhizal Allium cepa L.: effects of photon irradiance and phosphate nutrition[J]. Functional Plant Biology, 17: 177-188.

SONG Y Y, YE M, LI C, et al., 2014. Hijacking common mycorrhizal networks for herbivore-induced defence signal transfer between tomato plants[J]. Science Reports, 4: 3915.

SPATAFORA J W, CHANG Y, BENNY G L, et al., 2016. A phylum-level phylogenetic classification of zygomycete fungi based on genome-scale data[J]. Mycologia, 108(5): 1028-1046.

SUN J, MILLER J B, GRANQVIST E, et al., 2015. Activation of symbiosis signaling by arbuscular mycorrhizal fungi in legumes and rice[J]. Plant Cell, 27(3): 823-838.

SWARAJ K, BISHNOI N R, 1999. Effect of salt stress on nodulation and nitrogen fixation in legumes[J]. Indian Journal of Experimental Biology, 37（9）: 843-848.

TAKEDA N, HANDA Y, TSUZUKI S, et al., 2015. Gibberellins interfere with symbiosis signaling and gene expression and alter colonization by arbuscular mycorrhizal fungi in Lotus japonicus[J]. Plant Physiology, 167（2）: 545-557.

TALAAT N B, SHAWKY B T, 2013. Modulation of nutrient acquisition and polyamine pool in salt-stressed wheat (*Triticum aestivum* L.) plants inoculated with arbuscular mycorrhizal fungi[J]. Acta Physiologiae Plantarum, 35（8）: 2601-2610.

TALAAT N B, SHAWKY B T, 2014. Protective effects of arbuscular mycorrhizal fungi on wheat (*Triticum aestivum* L.) plants exposed to salinity[J]. Environmental and Experimental Botany, 98: 20-31.

TALEISNIK E, RODRÍGUEZ A A, BUSTOS D, et al., 2009. Leaf expansion in grasses under salt stress[J]. Journal of Plant Physiology, 166（11）: 1123-1140.

TARCHOUNE I, DEGL'INNOCENTI E, KADDOUR R, et al., 2012. Effects of NaCl or Na_2SO_4 salinity on plant growth, ion content and photosynthetic activity in Ocimum basilicum L[J]. Acta Physiologiae Plantarum, 34（2）: 607-615.

TARKOWSKI Ł P, SIGNORELLI S, HÖFTE M, 2020. γ-Aminobutyric acid and related amino acids in plant immune responses: Emerging mechanisms of action[J]. Plant Cell and Environment, 43: 1103-1116.

TAVAKKOLI E, FATEHI F, COVENTRY S, et al., 2011. Additive effects of Na^+ and Cl^- ions on barley growth under salinity stress[J]. Journal of Experimental Botany, 62（6）: 2189-2203.

TAYLOR J P, WILSON B, MILLS M S, et al., 2002. Comparison of microbial numbers and enzymatic activities in surface soils and subsoils using various techniques[J]. Soil Biology and Biochemistry, 34: 387-401.

TEIXEIRA E. I, GEORGE M, HERREMAN T, et al., 2014. The impact of water and nitrogen limitation on maize biomass and resource-use efficiencies for radiation, water and nitrogen[J]. Field Crops Research, 168: 109-118.

TRÄNKNER M, TAVAKOL E, JÁKLI B, 2018. Functioning of potassium and magnesium in photosynthesis, photosynthate translocation and photoprotection[J]. Physiologia Plantarum, 163: 414-431.

VADEZ V, KRISHNAMURTHY L, SERRAJ R, et al., Large variation in salinity tolerance in chickpea is explained by differences in sensitivity at the reproductive stage[J]. Field Crops Research, 2007, 104（1）: 123-129.

VALLIYODAN B, NGUYEN H T, 2006. Understanding regulatory networks and engineering for enhanced drought tolerance in plants[J]. Current Opinion in Plant Biology, 9（2）: 189-195.

VAN ZELM E, ZHANG Y, TESTERINK C, 2020. Salt tolerance mechanisms of plants[J]. Annual Review of Plant Biology, 71: 403-433.

VERBRUGGEN E, KIERS E T, 2010. Evolutionary ecology of mycorrhizal functional diversity in agricultural systems[J]. Evolutional Applications, 3: 547-560.

WANG H, ZHANG M S, GUO R, et al., 2012. Effects of salt stress on ion balance and nitrogen metabolism of old and young leaves in rice (*Oryza sativa* L.) [J]. BMC Plant Biology, 12（1）: 194.

WANG L, LUO Z S, BAN Z J, et al., 2021. Role of exogenous melatonin involved in phenolic metabolism of Zizyphus jujuba fruit[J]. Food Chemistry, 341: 128268.

WANG Q, YANG S, WAN S B, et al., 2019. The significance of calcium in photosynthesis[J]. International Journal of Molecular Sciences, 20: 1353.

WANG X, WANG W, HUANG J, et al., 2018. Diffusional conductance to CO_2 is the key limitation to photosynthesis in salt-stressed leaves of rice (*Oryza sativa*) [J]. Physiologia Plantarum, 163（1）: 45-58.

WINKEL-SHIRLEY B, 2002. Biosynthesis of flavonoids and effects of stress[J]. Current Opinion in Plant Biology, 5: 218-223.

WU Q, ZOU Y, HE X, 2010. Contributions of arbuscular mycorrhizal fungi to growth, photosynthesis, root morphology and ionic balance of citrus seedlings under salt stress[J]. Acta Physiologiae Plantarum, 32（2）: 297-304.

WULF A, MANTHEY K, DOLL J, et al., 2003. Transcriptional changes in response to arbuscular mycorrhiza development in the model plant medicago truncatula[J]. Molecular Plant-Microbe Interactions, 16（4）: 306-314.

WUNGRAMPHA S, JOSHI R, SINGLA-PAREEK S L, et al., 2018. Photosynthesis and salinity: are these mutually exclusive?[J]. Photosynthetica, 56（1）: 366-381.

YANG C, CHONG J, LI C, et al., 2007. Osmotic adjustment and ion balance traits of an alkali resistant halophyte Kochia sieversiana during adaptation to salt and alkali conditions[J]. Plant and Soil, 294（1）: 263-276.

YANG S, LI L, ZHANG J, et al., 2017. Transcriptome and Differential Expression Profiling Analysis of the Mechanism of Ca^{2+} Regulation in Peanut (*Arachis hypogaea*) Pod Development[J]. Frontiers in Plant Science, 8: 1609.

YANG S, WANG F, GUO F, et al., 2013. Exogenous calcium alleviates photoinhibition of PS Ⅱ by improving the xanthophyll cycle in peanut (*Arachis hypogaea*) leaves during heat stress under high irradiance[J]. PLoS One, 8(8): e71214.

YANG S, WANG F, GUO F, et al., 2015. Calcium contributes to photoprotection and repair of photosystem Ⅱ in peanut leaves during heat and high irradiance[J]. Journal of Integrative Plant in Biology, 57(5): 486-495.

YANG Y, GUO Y, 2018. Elucidating the molecular mechanisms mediating plant salt-stress responses[J]. New Phytologist, 217(2): 523-539.

YE L, ZHAO X, BAO E, et al., 2019. Effects of arbuscular mycorrhizal fungi on watermelon growth, elemental uptake, antioxidant, and photosystem Ⅱ activities and stress-response gene expressions under salinity-alkalinity stresses[J]. Frontiers in Plant Science, 10: 863.

YU N, LUO D, ZHANG X, et al., 2014. A DELLA protein complex controls the arbuscular mycorrhizal symbiosis in plants[J]. Cell Research, 24(1): 130-133.

YUAN Y H, ZHONG M, SHU S, et al., 2015. Effects of Exogenous Putrescine on Leaf Anatomy and Carbohydrate Metabolism in Cucumber (*Cucumis sativus* L.) Under Salt Stress[J]. Journal of Plant Growth Regulation, 34(3): 451-464.

ZAMIOUDIS C, PIETERSE C M J, 2012. Modulation of host immunity by beneficial microbes[J]. Molecular Plant (Microbe Interactions), 25: 139-150.

ZELM V E, ZHANG Y X, TESTERINK C, 2020. Salt tolerance mechanisms of plants[J]. Annual Review of Plant Biology, 71: 403-433.

ZHANG B, SHI F, ZHENG X, et al., 2023. Effects of AMF compound inoculants on growth, ion homeostasis, and salt tolerance-related gene expression in *Oryza sativa* L. under salt treatments[J]. Rice, 16(1): 18.

ZHENG C, LIU C T, LIU L, et al., 2023. Effect of salinity stress on rice yield and grain quality: a meta-analysis[J]. European Journal of Agronomy, 144: 126765.

ZHU X C, SONG F B, LIU S Q, et al., 2012. Arbuscular mycorrhizae improve photosynthesis and water status of *Zea mays* L. under drought stress[J]. Plant Soil and Environment, 58(4): 186-191.

ZÖRB C, GEILFUS C M, DIETZ K J, 2019. Salinity and crop yield[J]. Plant Biology, 21(S1): 31-38.